Taschenführer
Enten

T. BOYER 85

Taschenführer

Enten

Trevor Boyer · John Gooders

Herausgegeben von Martyn Bramwell

Natur Verlag Augsburg

Die Autoren:
Trevor Boyer ist ein Künstler, der als Vogelzeichner einen hervorragenden Ruf genießt. Nach dem Abschluß der Kunstschule war er als Gebrauchsgrafiker tätig. Heute arbeitet er als freier Künstler.

John Gooders hat schon vielbändige Enzyklopädien herausgegeben und ist Autor von zahlreichen Vogelbüchern.

Umschlagabbildungen: Knäkente (vorne oben), Rotkopfente (vorne unten), Rostgans (hinten).

Abbildung auf Seite 2: Stockenten

Titel der englischen Originalausgabe:
„The Pocket Guide to Ducks of Britain and the Northern Hemisphere“

CIP-Titelaufnahme der Deutschen Bibliothek

Taschenführer Enten / Trevor Boyer ; John Gooders. Hrsg. von Martyn Bramwell. [Übers.: Martin Greber]. – Augsburg : Natur-Verl., 1991
Einheitssacht.: The pocket guide to ducks of Britain and the Northern Hemisphere ⟨dt.⟩
ISBN 3-89440-019-6
NE: Boyer, Trevor; Gooders, John; Bramwell, Martyn [Hrsg.] ; EST

Übersetzung: Diplom-Biologe Martin Greber, München
Umschlaggestaltung: Peter Engel, Grünwald
Umschlagabbildungen: Trevor Boyer
Zeichungen: Trevor Boyer
Satz: 9/9 p Sabon von Cicero Lasersatz GmbH, Augsburg
Printed in Singapore
ISBN 3-89440-019-6

Inhaltsverzeichnis

Enten Großbritanniens und Europas

Enten Nordamerikas und Asiens

Einleitung

Für die meisten von uns sind Enten Wintervögel. Natürlich gibt es Parkenten, die im Winter dableiben, aber in Wirklichkeit verlassen die Enten ihre Brutgebiete im Winter und ziehen in den Süden. Auf ihren überlieferten Zugrouten rasten sie immer wieder, ehe sie ihre stets gleichen Winterquartiere erreichen. Oft in riesigen Schwärmen einfallend, bieten sie ein großartiges Naturschauspiel. Manchmal bestehen diese Schwärme aus einer einzigen Art, aber meist sind es verschiedene, die wild durcheinander fliegen. Wenn sie über einen hinwegziehen, braucht es einen geübten Blick, um nur ein paar Vögel herauszupicken und zu bestimmen. Aber auch wenn sie sitzen, herumlaufen oder tauchen und im Schlick oder Wasser nach Nahrung suchen, kann es schwierig sein, sie zu bestimmen.

Die Männchen können fast das ganze Jahr über relativ leicht identifiziert werden. Problematischer sind die weniger auffälligen Weibchen, Jugend- und Schlichtkleider. Die Kunst beim

Topographie der Ente

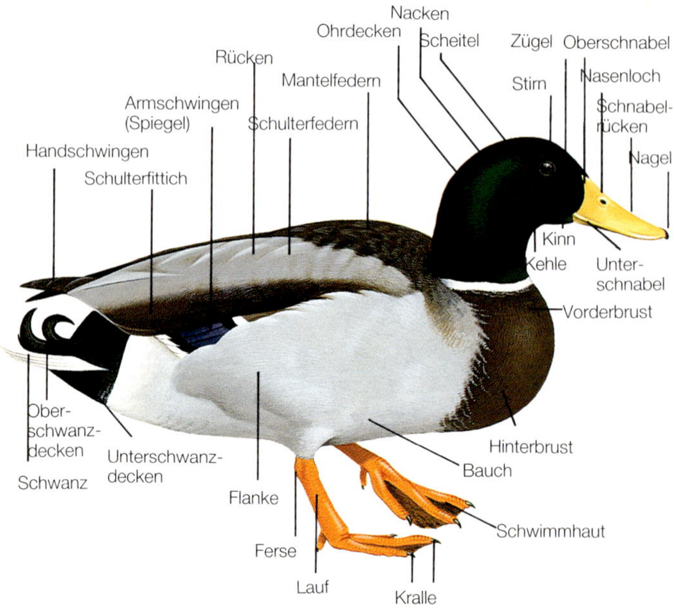

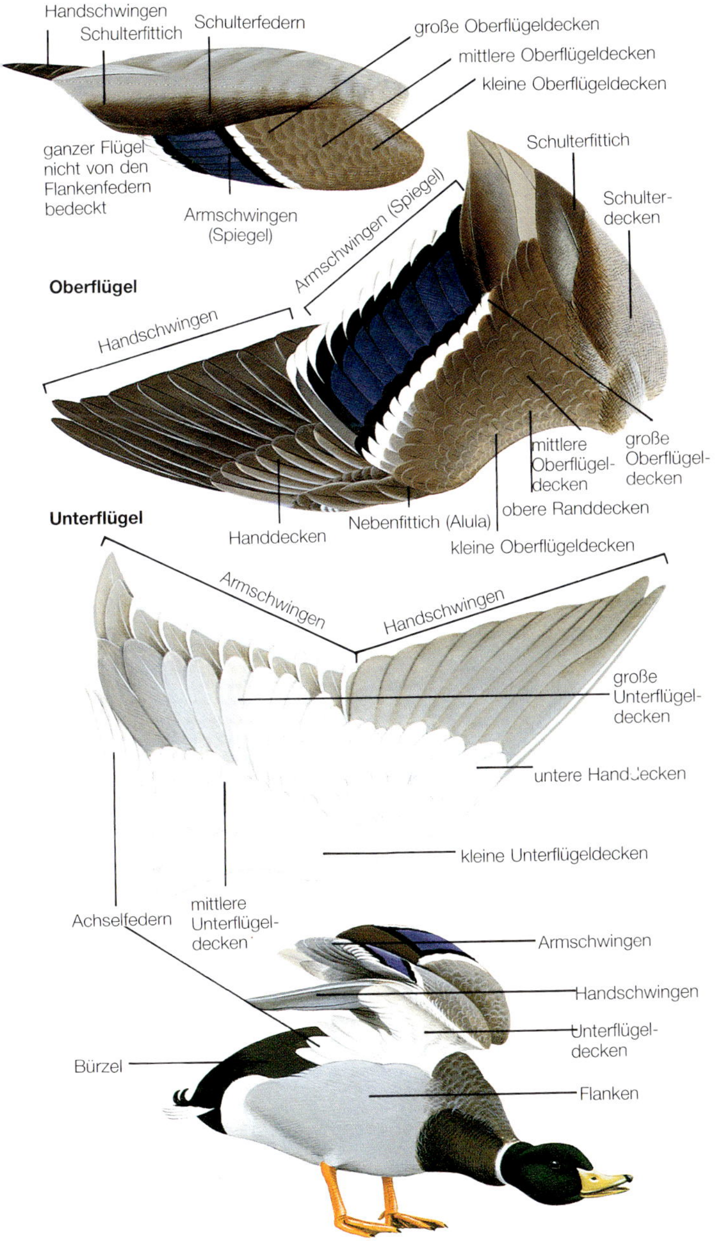
Handschwingen
Schulterfittich
Schulterfedern
große Oberflügeldecken
mittlere Oberflügeldecken
kleine Oberflügeldecken
ganzer Flügel nicht von den Flankenfedern bedeckt
Armschwingen (Spiegel)
Oberflügel
Armschwingen (Spiegel)
Schulterfittich
Schulter-decken
Handschwingen
mittlere Oberflügel-decken
große Oberflügel-decken
obere Randdecken
Unterflügel
Handdecken
Nebenfittich (Alula)
kleine Oberflügeldecken
Armschwingen
Handschwingen
große Unterflügel-decken
untere Handdecken
kleine Unterflügeldecken
Achselfedern
mittlere Unterflügel-decken
Armschwingen
Handschwingen
Unterflügel-decken
Bürzel
Flanken

Tauchente
Abflug vom Wasser mit Anlauf
Beine weit hinten
(aufrechte Körperhaltung)
Schwimmente
springt beim Abflug
aus dem Wasser
Beine in der Mitte
(waagrechte Körperhaltung)
Tauchente:
Hinterzehe mit Schwimmlappen
breiter Fuß
Schwimmente:
Hinterzehe eng anliegend,
schmalerer Fuß

Bestimmen liegt in der Identifizierung von Vögeln, die man nicht optimal sehen kann.

In großer Entfernung oder bei ungünstiger Beleuchtung sind die Farben schlecht zu erkennen und Zeichnung und Gestalt werden eine wichtige Bestimmungshilfe. Dazu kommt, daß sich die geselligen Vögel oft gegenseitig verdecken und charakteristische Merkmale nur unvollständig zu sehen sind.

Eine Ente als solche zu erkennen, ist nicht schwierig. Enten schwimmen hoch im Wasser liegend und watscheln an Land. Ihr Flug ist schnell und geradlinig und sie strecken dabei ihre langen Hälse. Einige tauchen, andere schnattern oder gründeln. Ihr Verhalten und ihre Gestalt läßt kaum Verwechslungen mit anderen Vögeln zu. In der Tat ist das Verhalten oft ein guter Schlüssel zur Bestimmung. Schwimmenten tauchen, wenn überhaupt, selten, Tauchenten gründeln selten. Meeresenten können nur dann im Inland beobachtet werden, wenn sie durch schlechtes Wetter oder Krankheit dort zum Aufenthalt gezwungen werden. Tauchenten halten sich nur selten und nur aus Sicherheitsgründen auf See auf. Beobachtungsort und Verhalten sind ausgezeichnete Anhaltspunke für die Identifizierung. Zu wissen, wo und wann eine Ente zu erwarten ist, stellt eine wertvolle Hilfe für die Bestimmung dar.

Einige Beispiele mögen dies belegen. Eine Ente mit einem weißen Kopf auf dem Meer ist eher eine junge Eiderente, also eine Meeresente, als eine Schwarzkopf-Ruderente, die flache Moore bevorzugt. Eine kleine Ente im winterlichen Moor ist eher eine Krickente als eine Knäkente, die in Afrika überwintert. Ein großer Entenschwarm, der auf einem feuchten Feld grast, besteht eher aus Pfeifenten als aus Löffelenten, obwohl beide Arten einträchtig nebeneinander auf überschwemmten Wiesen nach Nahrung suchen.

Enten können in vier Gruppen eingeteilt werden: Schwimmenten, Tauchenten, Meeresenten und Säger. Mit ein wenig Erfahrung können die meisten Arten leicht einer dieser Gruppen zugeordnet werden. Deshalb ist es wichtig zu wissen, worauf zu achten ist. Bei den meisten Schwimmenten sind die Erpel lebhaft gefärbt, während die ansonsten sehr ähnlichen Weibchen unscheinbar braun oder beige sind. Die Farbe des Schnabels kann ein guter Anhaltspunkt sein. Bei großer Distanz, wenn die Farben schwer zu erkennen sind, bleibt nur ihre Gestalt. Viele Tauchenten sind schwarz-weiß (oder wirken aus der Ferne so), deshalb ist die Kenntnis des Lebensraumes bei den Tauchenten sehr wichtig.

Eine Gruppe ganz schwarzer auf dem Meer schwimmender Enten kann aus Trauer- oder Samtenten bestehen. Solange sie nicht auffliegen oder mit den Flügeln schlagen, bleibt der kräftige weiße Spiegel der Samtente verborgen und die Enten sind in jeder Hinsicht gleich. Dann muß man geduldig warten und nach

Schnabelformen

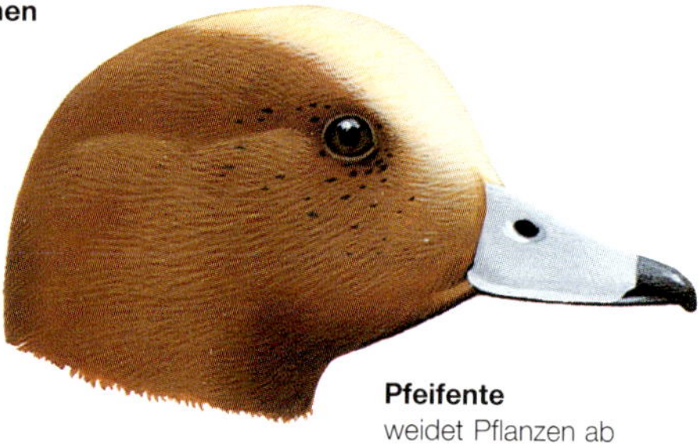

Pfeifente
weidet Pflanzen ab

Löffelente
seiht winzige Nahrungspartikel aus dem Wasser

einem verräterischen weißen Aufblitzen Ausschau halten. Auch wenn beide Männchen gleich sind, ist die Gesichtszeichnung der Weibchen so eindeutig, daß eine Bestimmung selbst aus beachtlicher Entfernung möglich ist: die weibliche Trauerente mit dunkler Kappe und heller Wange und Kehle, die Samtente mit zwei hellen Wangenflecken. Beide Arten kommen oft zusammen vor, so daß man trotzdem geduldig warten muß, bis ein weißer Fleck im Flügel eines Männchens auftaucht.

Wenn schon still sitzende Vögel mit dem Teleskop schwierig zu bestimmen sein können, wieviel schwieriger ist es dann, schnell vorbeifliegende zu identifizieren? Tatsächlich sind viele Vögel ebenso leicht im Flug wie in Ruhe zu erkennen. Die Vögel, die sich in stürmischer See aufhalten, sind dafür typische Beispiele. Bei der Bestimmung fliegender Enten muß man nur auf andere Merkmale achten als bei ruhenden Vögeln.

Im Fluge ist der Spiegel besser zu erkennen als in Ruhe. Dies ist vor allem bei den Schwimmenten wichtig. So hebt sich z. B. die Schnatterente durch ihren weißen Spiegel von der ansonsten recht ähnlich gefärbten Stockente, die einen blauen Spiegel hat, ab. Die Krickente hat wie die Löffelente einen grünen Spiegel. Letztere hat aber einen blauen Vorderflügel, der auch bei der

Eiderente
taucht weiter hinab

Mittelsäger
jagt vorwiegend Fische

Blauflügelente und der Knäkente ein wichtiges feldornithologisches Bestimmungsmerkmal ist.

Viele Tauchenten haben ein breites weißes Flügelband, das ein auffälliges Erkennungszeichen darstellt. Fehlt dieses Band, kann dies für die Identifizierung einiger Arten genauso nützlich sein. Bei der Bergente hebt sich der weiße Flügelstreif gut vom schwarzen Flügel ab, während er mit den grauen Flügeln der Tafelente weniger stark kontrastiert.

Dieses Buch hebt all die Punkte hervor, auf die man achten muß, wenn man eine Ente bestimmen will. Es zeigt alle Arten, die im geographischen Rahmen des Titels vorkommen. Jede Ente wird in verschiedenen Positionen dargestellt. Schließlich hängt die Bestimmung vom Beobachter ab und es gibt keinen besseren Weg, als dieses Buch zu nehmen, hinauszugehen und jeden Vogel aus allen möglichen Blickrichtungen mit den Angaben in diesem Buch zu vergleichen.

John Gooders

T. BO

Enten Großbritanniens und Europas

Schnatterente

Anas strepera 46–56 cm **Karte 16**

Flügel (M)	261–282 mm	**Eifarbe**	blaßrosa
Flügel (W)	243–261 mm	**Gelege**	8–12
Gewicht (M)	605–1100 g	**Brutdauer**	24–26 Tage
Gewicht (W)	470–1000 g	**Aufzucht**	45–50 Tage

Merkmale Keine auffällige Färbung oder Zeichnung. Das Männchen erkennt man am schwarz begrenzten weißen Spiegel, der im Flug und in Ruhe sichtbar ist. Sein übriges Gefieder ist graubraun, mit grauer Halbmondzeichnung an Brust und Flanken. Der Schnabel ist stahlgrau, der Kopf gerundet mit steiler Stirn. Das Weibchen ist durchgehend bräunlicher, der Schnabel ist seitlich gelborange. Wie beim Männchen ist der Spiegel das beste Kennzeichen. Schnatterenten schwimmen mit tief im Wasser liegender Brust und fliegen rasch.

Lebensraum Süßwasserseen und ruhige Moore. Selbst als Zugvogel selten an der Küste. Schnatterenten sind scheu und suchen häufig Schutz zwischen Wasserpflanzen.

Nest Schalenförmiges Nest aus Grashalmen, mit Dunen ausgepolstert; gewöhnlich in der Ufervegetation verborgen.

Nahrung Nimmt überwiegend an der Wasseroberfläche die weichen Teile von Wasserpflanzen auf. Gründelt weniger als andere Schwimmenten. Selten im Brackwasser.
Verbreitung Zwei vollkommen getrennte Populationen in Nordamerika und Eurasien. Kommen vor allem an den Seen der Prärien Nordamerikas und der Steppen der Sowjetunion vor.
Wanderung In Nordamerika ziehen im Winter jährlich ca. 1 Million Vögel von ihren Brutgebieten in der Prärie in die südlichen Staaten und an die Golfküste. In Nordwest-Europa überwintern ca. 10 000 Vögel. Dazu kommen 50 000 im Mittelmeer- und Schwarzmeer-Raum. Über 100 000 Schnatterenten überwintern in der westlichen Sowjet-Union.

Beobachtungen

Datum ____		Datum ____	
Ort ____		Ort ____	
Männchen ____	Weibchen ____	Männchen ____	Weibchen ____
Jungvögel ____	Ruhekleid ____	Jungvögel ____	Ruhekleid ____

Verhalten

Krickente

Anas crecca 34–38 cm **Karte 17**

Flügel (M)	176–196 mm	**Eifarbe**	gelblich-weiß
Flügel (W)	166–185 mm	**Gelege**	8–11
Gewicht (M)	200–450 g	**Brutdauer**	21–23 Tage
Gewicht (W)	185–430 g	**Aufzucht**	25–30 Tage

Merkmale Sehr kleine Schwimmente – nicht viel größer als eine Stadttaube. Die Erpel der amerikanischen Unterart mit senkrechter weißer Linie an den Brustseiten. Der dunkelgrüne Streifen im kastanienbraunen Kopf nur teilweise gelbgerandet. Das Heck ist schwarz mit gelblichen Flecken. Die Erpel der europäischen Unterart haben mehr weiß in der Schulter und eine deutlicher ausgeprägte Gesichtszeichnung. Die weißen Streifen an der Brust fehlen. Die Weibchen sind jeweils braun gesprenkelt mit dunklem Augenstreif. Beide Geschlechter im Flug durch den grünen Spiegel zu erkennen.
Lebensraum Flache Seen, Tümpel und Moore mit üppiger Vegetation. Im Winter manchmal an der Küste.

Männchen der europäischen Unterart

Männchen der amerikanischen Unterart

Nest Eine Mulde im Boden, mit Gras und Dunen ausgekleidet. Meist im Gebüsch oder unter einem Grasbüschel versteckt.

Nahrung Vorwiegend Samen, die im Flachwasser aus dem Schlick gefiltert werden. Suchen im Winter in großen Trupps Nahrung. Dabei fliegen sie oft senkrecht auf und streifen einige Minuten umher, bevor sie sich wieder niederlassen.

Verbreitung Brütet in Nordamerika, Nordeuropa und Nordasien entlang dem breiten Waldgürtel. Sie meidet die extreme Tundra.

Wanderung Im Winter zieht, abgesehen von einigen wenigen küstenbewohnenden Vögeln, die gesamte, viele Millionen Vögel zählende Population in den Süden.

Beobachtungen			
Datum ______		Datum ______	
Ort ______		Ort ______	
Männchen ___	Weibchen ___	Männchen ___	Weibchen ___
Jungvögel ___	Ruhekleid ___	Jungvögel ___	Ruhekleid ___
Verhalten			

Stockente

Anas platyrhynchos 50–65 cm **Karte 18**

Flügel (**M**)	275–306 mm	**Eifarbe**	grau-grün
Flügel (**W**)	252–285 mm	**Gelege**	9–13
Gewicht (**M**)	850–1572 g	**Brutdauer**	27–28 Tage
Gewicht (**W**)	750–1320 g	**Aufzucht**	50–60 Tage

Merkmale Erpel mit grün schillerndem Kopf, weißem Halsring und brauner Brust. Grauer Oberkörper, beige Unterseite und schwarzes Heck mit weißem Schwanz. Weibchen braun und beige gesprenkelt, mit dunklem Scheitel und Augenstreifen. Beide Geschlechter haben blaue Spiegel, vorne und hinten durch schmale, schwarz-weiße Binden abgegrenzt. Stockenten sind große Enten mit schnellem kräftigen Flug. Im Flug ist das Brustband des Männchens das beste Bestimmungsmerkmal.
Lebensraum Brütet an Seen, Teichen, Flüssen und geschützten Küstenabschnitten. Sehr anpassungsfähig. Oft in Stadtparks.

Nest Im Gebüsch verborgene, dunengepolsterte Bodenvertiefung. Manchmal unter Steinen, in Baumhöhlen, alten Nestern.
Nahrung Allesfresser. Siebt Samen und Insekten von der Wasseroberfläche, taucht nach Wasserpflanzen und versunkenen Eicheln, weidet an Land Gräser, Pflanzenwurzeln und Samen und schüttelt Kleintiere aus dem Laub.
Verbreitung Graslandschaften und Waldgebiete der nördlichen Hemisphäre. Nicht in der Tundra.
Wanderung Die Vögel der nördlichen USA und Westeuropas sind weitgehend Standvögel. Die aus Kanada und der UdSSR ziehen zum Überwintern weite Strecken in die südlichen Staaten bzw. nach Südeuropa, Nordindien und Indochina.

Beobachtungen			
Datum ______		Datum ______	
Ort ______		Ort ______	
Männchen ___	Weibchen ___	Männchen ___	Weibchen ___
Jungvögel ___	Ruhekleid ___	Jungvögel ___	Ruhekleid ___
Verhalten			

Spießente

Anas acuta 51–66 cm **Karte 19**

Flügel (**M**)	254–282 mm	**Eifarbe**	gelblich-weiß
Flügel (**W**)	236–267 mm	**Gelege**	7–9
Gewicht (**M**)	680–1300 g	**Brutdauer**	22–24 Tage
Gewicht (**W**)	550–1050 g	**Aufzucht**	40–45 Tage

Merkmale Auch ohne lebhafte Färbung eine der schönsten Enten. Der schokoladebraune Kopf des Männchens mit einem weißen Streifen, der über die Kopfseiten läuft. Oberkörper und Flanken grau, verlängerte schwarz, weiß und beige gefärbte Schulterfedern. Der lange, schwarze Schwanzspieß des Männchens verlängert die Gesamtlänge des Vogels um 10cm. Stahlblauer Schnabel bei beiden Geschlechtern. Die Weibchen gleichen sehr denen anderer Schwimmenten, sind aber durchgehend grauer. Im Flug ist der lange Schwanzspieß des Erpels ein eindeutiges Bestimmungsmerkmal.
Lebensraum Sehr unterschiedlich. Offene sumpfige Tundra und Wälder, Seen, Teiche und Moore im Binnenland.

Nest Variiert von sorgfältig angelegter Vertiefung bis zu einer offenen Erdstelle. Immer gut mit Dunen gepolstert.
Nahrung Siebt tierische und pflanzliche Nahrung bis zu 30 cm Tiefe aus dem Schlamm des Seegrundes. (Bis zu 6 Sekunden im Kopfstand.) An Land bevorzugt sie im Winter Samen und Knollen, im Sommer Kleintiere.
Verbreitung Die ganze nördliche Hemisphäre, mit Ausnahme von Teilen Labradors und dem hohen Norden.
Wanderung Die meisten Spießenten sind Zugvögel. Die amerikanischen Vögel überwintern in den südlichen USA und im nördlichen Südamerika; die eurasischen im südlichen Afrika und Asien. Große Winterpopulation um die Nordsee.

Beobachtungen			
Datum ______		Datum ______	
Ort ______		Ort ______	
Männchen ___	Weibchen ___	Männchen ___	Weibchen ___
Jungvögel ___	Ruhekleid ___	Jungvögel ___	Ruhekleid ___
Verhalten			

Löffelente

Anas clypeata 44–52 cm **Karte 20**

Flügel (M)	227–251 mm	**Eifarbe**	oliv-beige
Flügel (W)	213–237 mm	**Gelege**	9–11
Gewicht (M)	475–1000 g	**Brutdauer**	22–23 Tage
Gewicht (W)	470–800 g	**Aufzucht**	40–45 Tage

Merkmale Deutlichstes Merkmal ist der große Löffelschnabel, der beim Männchen schwarz, beim Weibchen braun ist. Die gut entwickelten Hornlamellen am Schnabelrand dienen der Löffelente als wirkungsvoller Seihapparat. Das Männchen mit flaschengrünem Kopf und Nacken, weißer Brust und kastanienbrauner Unterseite. Der Rücken ist schwarz und die schwarzweißen Schulterfedern bedecken die angelegten Flügel. Das Weibchen ist braun und beige gefärbt. Im Flug zeigen beide Geschlechter hellblaue Flügeldecken.
Lebensraum Flache Moorseen, Sümpfe und die flachen Ränder großer Seen im Binnenland. Manchmal in salzhaltigen Lagunen, aber selten im Meer.

Nest Eine Mulde im Boden, die das Weibchen durch Drehbewegungen des Körpers formt, wobei es Grashalme einarbeitet. Manchmal verborgen, manchmal ungeschützt.
Nahrung Kleinkrebse, Mollusken, Insekten und Larven, aber auch Samen und Pflanzensprosse werden schnatternd von der Wasseroberfläche und aus dünnflüssigem Schlick gefiltert; steht beim Gründeln lange Kopf.
Verbreitung Alaska, Rocky Mountains und Prärie; selten im Osten der USA. In Westeuropa nur stellenweise verbreitet, brütet aber in einem breiten Streifen quer über die UdSSR, das nördliche China und Japan.
Wanderung Abgesehen von den großen in Westeuropa und am Mittelmeer überwinternden Beständen ziehen die meisten in die südlichen USA, nach Afrika, Indien und Indochina.

Beobachtungen			
Datum ______		Datum ______	
Ort ______		Ort ______	
Männchen ___	Weibchen ___	Männchen ___	Weibchen ___
Jungvögel ___	Ruhekleid ___	Jungvögel ___	Ruhekleid ___
Verhalten			

Bergente

Aythya marila 42–51 cm **Karte 21**

Flügel (**M**)	208–237 mm	**Eifarbe**	oliv-grau
Flügel (**W**)	202–225 mm	**Gelege**	8–11
Gewicht (**M**)	744–1372 g	**Brutdauer**	26–28 Tage
Gewicht (**W**)	690–1312 g	**Aufzucht**	40–45 Tage

Merkmale Die Bergente hat das nördlichste Verbreitungsgebiet dieser Gattung. Größe und Gewicht spiegeln die rauhen Bedingungen in ihrem arktischen Brutgebiet wider. Das Männchen mit schwarzem Kopf und Nacken, weißlichen Flanken und grauem Rücken. Verwechslung mit der nordamerikanischen Veilchenente und der europäischen Reiherente möglich. Hauptunterscheidungsmerkmale sind der im Verhältnis zur Veilchenente größere Kopf und der deutlichere Flügelstreif. Die Reiherente hat einen schwarzen Rücken. Bei bewegter See kann die Bestimmung in gemischten Gruppen schwierig sein.
Lebensraum Brütet an Seen und Tümpeln der Tundra.

Verbringt den Winter in Küstengewässern, Flußmündungen, Buchten und manchmal in überfluteten Kiesgruben. An bevorzugten Weidegründen oft in großer Anzahl.

Nest Einfache mit Gras und Dunen ausgepolsterte Mulde. Wo gute Plätze rar sind, liegen die Nester nur 1m auseinander. Brutbeginn vom Wetter abhängig, u. U. erst im Juni.

Nahrung Sehr variabel, aber Mollusken (besonders Muscheln) sind im Winter sehr beliebt.

Verbreitung Von Alaska bis zur Hudson Bay, in Island und von Norwegen nach Osten bis Kamtschatka als Brutvogel.

Wanderung Amerikanische Vögel überwintern an der Atlantik- und Pazifikküste; eurasische in Großbritannien, an Nordsee und Schwarzem Meer, an den Küsten Chinas und Japans.

Beobachtungen			
Datum ______		Datum ______	
Ort ______		Ort ______	
Männchen ____	Weibchen ____	Männchen ____	Weibchen ____
Jungvögel ____	Ruhekleid ____	Jungvögel ____	Ruhekleid ____
Verhalten			

Eiderente

Somateria mollissima 50–71 cm **Karte 22**

Flügel (M)	289–315 mm	**Eifarbe**	graugrün
Flügel (W)	286–312 mm	**Gelege**	4–6
Gewicht (M)	1384–2875 g	**Brutdauer**	25–28 Tage
Gewicht (W)	1192–2895 g	**Aufzucht**	65–75 Tage

Merkmale Große, plumpe Meeresenten, die außerhalb der Brutzeit oft im Meer nahe der Küste schwimmen. Das auffällige schwarz-weiße Gefieder erleichtert die Bestimmung der Männchen und sogar große Trupps brauner Weibchen oder ähnlich gefärbter einjähriger Männchen können gewöhnlich durch die charakteristische Gestalt und Größe identifiziert werden. Im Flug wirkt die Eiderente kurzhalsig und schwerfällig mit charakteristisch langsamem Flügelschlag. Fliegt oft schnell dicht über der Wasseroberfläche.
Verbreitung Brütet in Feldern, Mooren und offenen Graslandschaften nahe dem Meer. In Schottland brüten viele in Wäldern. Den größten Teil des Jahres auf dem Meer.
Nest Eine grasgepolsterte Mulde, offen oder hinter Steinen oder einer Mauer verborgen. Das Nest ist dick mit Eiderdunen ausgelegt, die kommerziell gesammelt werden. Dunensammler entfernen die Dunen zweimal aus den Nestern und lassen die dritte Füllung für die Enten zurück.
Nahrung Tauchen zwischen Felsen und Seetang nach Mollusken und Krebstieren. Tauchen normalerweise in 2–4 m tiefem Wasser, können aber bis zu 20 m tief tauchen. Große Muscheln und Krebse werden mit dem kräftigen Schnabel zerkleinert.

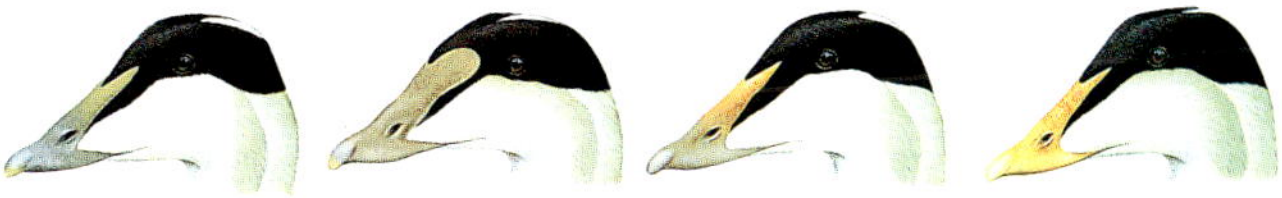

Die wichtigsten Unterarten (von links nach rechts): *S. m. mollissima* (Nordsee), *S. m. dresseri* (östliches Nordamerika), *S. m. borealis* (Arktis), *S. m. v-nigrum* (Beringsee)

Verbreitung Brütet in nordamerikanischer Arktis, Grönland, Island, nördlichem Großbritannien und Norwegen, Sibirien.
Wanderung Zieht als Kurzstreckenzieher nach Süden in eisfreie Gewässer. Viele sind Standvögel. Das Fehlen von Langstreckenzug führte zur Entstehung einer Vielzahl ziemlich unterschiedlicher geographischer Unterarten.

Beobachtungen			
Datum ______		Datum ______	
Ort ______		Ort ______	
Männchen ___	Weibchen ___	Männchen ___	Weibchen ___
Jungvögel ___	Ruhekleid ___	Jungvögel ___	Ruhekleid ___
Verhalten			

Prachteiderente

Somateria spectabilis 47–63 cm **Karte 23**

Flügel (M)	266–293 mm	**Eifarbe**	helloliv
Flügel (W)	256–276 mm	**Gelege**	4–5
Gewicht (M)	1367–2013 g	**Brutdauer**	22–24 Tage
Gewicht (W)	1213–1871 g	**Aufzucht**	?

Merkmale Männchen unverwechselbar. Fast der ganze Körper ist schwarz, mit Ausnahme eines weißen Seitenflecks. Brust und Nacken sind zart rosa, der Kopf ist blaugrau mit schwarzgesäumtem orangen Stirnschild und tiefrotem Schnabel. Im Flug sieht man sie meist von oben, ihr schwarzer Rücken unterscheidet sie von den Eiderenten, die einen weißen Rücken haben. Weibchen und Jungvögel sind schwierig zu bestimmen. Die Befiederung am Schnabelrücken reicht bis zu den Nasenlöchern und läßt den Kopf größer, den Schnabel kleiner als bei der Eiderente erscheinen. Heller Augenring.

Lebensraum Die Prachteiderente brütet nördlicher als die Eiderente an Tümpeln und Seen der extremen Tundra.
Nest Einfache mit Dunen ausgepolsterte Mulde. Brütet nicht wie die Eiderente in Kolonien.
Nahrung Hauptsächlich Schalentiere, Seeigel und Krebse. Sucht ihre Nahrung weiter von der Küste entfernt als die Eiderente, meist in 15 m Tiefe; kann bis 50 m tief tauchen.
Verbreitung Im hohen Norden rund um den Pol außer einem Gebiet um Island und Nordwesteuropa, in dem der Golfstrom zu stark wärmt.
Wanderung Die meisten Vögel ziehen nur so weit wie nötig, um in offenem Wasser zu bleiben und überwintern am Rande des Packeises. Seltene Irrgäste in Europa.

Beobachtungen			
Datum ______		Datum ______	
Ort ______		Ort ______	
Männchen ___	Weibchen ___	Männchen ___	Weibchen ___
Jungvögel ___	Ruhekleid ___	Jungvögel ___	Ruhekleid ___
Verhalten			

Scheckente

Polysticta stelleri 43–47 cm **Karte 25**

Flügel (M)	199–225 mm	**Eifarbe**	gelblich
Flügel (W)	203–210 mm	**Gelege**	6–7
Gewicht (M)	500–1000 g	**Brutdauer**	?
Gewicht (W)	750–1000g	**Aufzucht**	?

Merkmale Unterscheidet sich so stark von den anderen drei Eiderenten, daß sie einer eigenen Gattung zugerechnet wird. Der gerundete Kopf mit steiler Stirn und kleinem Schnabel weicht ganz vom keilförmigen Kopfprofil der Eiderente ab. Ähnelt von der Gestalt eher einer Schwimmente. Männchen mit vorwiegend schwarzem Oberkörper, beiger Unterseite und weißem Kopf mit schwarzen Augenflecken und blaßgrüner Zeichnung an Schnabelansatz und Hinterkopf. Weibchen beige und braun gefärbt, mit hellerem Augenring. Im Flug beide Geschlechter mit blauweißem Spiegel wie die Stockente.

Lebensraum In der Brutzeit die arktische Tundra; ansonsten klare, flache arktische Küstengewässer und Flußmündungen.
Nest Aus Gras, mit Dunen ausgepolstert, normalerweise gut versteckt hinter Grasbüscheln. Als Einzelbrüter behauptet jedes Paar einen kleinen Tümpel als eigenes Territorium.
Nahrung Mollusken, Krebstiere, Würmer und Fische. Die Vögel fressen in Trupps und tauchen oft gleichzeitig.
Verbreitung Brütet an der Nordküste Alaskas, östlich des Makkenzie-Flusses und in Sibirien westlich der Bering-Straße bis zur Mündung des Khatanga-Flusses.
Wanderung Überwintert im Nordpazifik von Alaska bis Kamtschatka, auch bis Japan. Zugvögel ziehen bis British Columbia und Großbritannien. In Nordnorwegen überwintern und mausern regelmäßig Vögel, die dort auch brüten.

Beobachtungen			
Datum ____		Datum ____	
Ort ____		Ort ____	
Männchen ____	Weibchen ____	Männchen ____	Weibchen ____
Jungvögel ____	Ruhekleid ____	Jungvögel ____	Ruhekleid ____
Verhalten			

Kragenente

Histrionicus histrionicus 38–45 cm **Karte 26**

Flügel (M)	197–214 mm	**Eifarbe**	cremefarben
Flügel (W)	194–201 mm	**Gelege**	5–7
Gewicht (M)	582–750 g	**Brutdauer**	27–29 Tage
Gewicht (W)	520–562 g	**Aufzucht**	60–70 Tage

Merkmale Dunkelblaues Männchen mit kastanienbraunen Flanken und Überaugenstreif und kräftigen schwarz-weißen Zeichnungen an Kopf, Brust und Flügelinnenrand. Weibchen mit dunkelbraunem Oberkörper und heller Unterseite mit schwach gestreifter Brust. Drei helle Gesichtsflecken können zu Verwechslungen mit der weiblichen Samtente oder Brillenente führen. Die Bestimmung wird durch den zierlichen runden Kopf und die fehlende Verdickung am Schnabelansatz erleichtert. Im Flug sind die Weibchen einheitlich braun, während die weibliche Samtente weiß im Flügel hat.

Lebensraum In der Brutzeit an schnellen Flüssen – das Gegenstück zur südamerikanischen Sturzbachente (Merganetta armata). Ausgezeichnete Schwimmer und Taucher; können aus dem wildesten Wasser direkt auffliegen.

Nest Eine mit Gras und Dunen ausgepolsterte Mulde, normalerweise in dichter Ufervegetation versteckt.
Nahrung Hauptsächlich kleine Wassertiere und Insektenlarven, die sie beim Tauchen zwischen Felsen und Kiesbänken aufnimmt. Im Winter an der Küste Mollusken und Krebstiere.
Verbreitung Zwei separate Populationen: im westlichen und extrem östlichen Nordamerika und im östlichen Sibirien. Das einzige europäische Brutgebiet liegt auf Island.
Wanderung Im Winter ziehen die Vögel zum nächsten eisfreien Küstenabschnitt, was für die meisten nördlich brütenden Vögel ziemlich weit ist. Überwinternde Vögel im Süden bis nach Kalifornien, New York und Südjapan.

Beobachtungen

Datum ______		Datum ______	
Ort ______		Ort ______	
Männchen ___	Weibchen ___	Männchen ___	Weibchen ___
Jungvögel ___	Ruhekleid ___	Jungvögel ___	Ruhekleid ___

Verhalten

Eisente

Clangula hyemalis 41–47 cm **Karte 27**

Flügel (M)	205–241 mm	**Eifarbe**	oliv-beige
Flügel (W)	192–220 mm	**Gelege**	6–9
Gewicht (M)	616–955 g	**Brutdauer**	24–29 Tage
Gewicht (W)	510–879 g	**Aufzucht**	35–40 Tage

Merkmale Eisenten haben eine ungewöhnliche Gefiederfolge mit ganz verschiedenen Sommer- und Winterkleidern und zusätzlichen Ruhe- und Jugendkleidern. Es sind wohlproportionierte Vögel mit zierlichem, runden Kopf, kleinem Schnabel, kurzem Hals und spitzem Schwanz. Das unverwechselbare Männchen im Sommer und Winter mit langem Schwanzspieß, der mit bis zu 13 cm der Gesamtlänge hinzuzufügen ist. Ein ungewöhnlich fleckiges Kopfmuster ist für alle Gefieder typisch.
Lebensraum Die Vögel brüten an Tümpeln und Seen der Tundra und verbringen den Winter auf See, oft weit ab vom Land.
Nest Einfache mit Gras und Dunen ausgepolsterte Senke; verborgen oder ungeschützt. Auf Inseln, auf denen Räuber fehlen, Nester dicht beieinander. Brütet oft in anderen Vogelkolonien, z. B. von Eiderenten und Seeschwalben.
Nahrung Mollusken, Krebstiere, Insektenlarven und Fischeier. Im Winter hauptsächlich Herzmuscheln.

Verbreitung Bis zu 15 Millionen Vögel (5 Millionen im Westen der UdSSR) sind im Sommer während der Brutzeit über die nördliche Tundra verbreitet.
Wanderung Außerhalb der Brutzeit sind die Enten selten an Land. Nur wenige wagen sich ins Binnenland, und dann oft in Folge von Stürmen oder Ölpest. Ins Brutgebiet zurückkehrende Vögel sammeln sich in großen Schwärmen in Küstengewässern und warten auf den Beginn des Frühlings.

Beobachtungen			
Datum ____		Datum ____	
Ort ____		Ort ____	
Männchen ____	Weibchen ____	Männchen ____	Weibchen ____
Jungvögel ____	Ruhekleid ____	Jungvögel ____	Ruhekleid ____
Verhalten			

Trauerente

Melanitta nigra 44–54 cm **Karte 28**

Flügel (M)	217–247 mm	**Eifarbe**	cremefarben
Flügel (W)	206–239 mm	**Gelege**	6–8
Gewicht (M)	642–1450 g	**Brutdauer**	30–31 Tage
Gewicht (W)	600–1268 g	**Aufzucht**	45–50 Tage

Merkmale Die männliche Trauerente ist ganz schwarz mit Ausnahme eines leuchtend orangegelben Schnabelflecks. Bei der amerikanischen Unterart *(M. n. americana)* erstreckt sich dieser Fleck fast über den ganzen Schnabel. Bei der eurasischen Unterart *(M. n. nigra)* ist er kleiner und die Vögel haben einen auffälligen schwarzen Schnabelhöcker. Die Weibchen sind dunkelbraun, mit helleren Wangen und Kehlen. Meist sieht man die plumpen, schwarzen Vögel in Küstennähe als dunkle Schatten mit charakteristisch aufgestelltem Schwanz im Meer schwimmen, oder in langen Reihen bzw. dicht gedrängten Schwärmen schnell über das Wasser fliegen.

Lebensraum Brütet hauptsächlich an den Tümpeln und Seen der arktischen Tundra, aber auch regelmäßig in Nordschottland. Die Vögel überwintern im Küstenbereich des Meeres.

Nest Das Weibchen polstert eine gut getarnte Vertiefung im Gras mit weichem Gras und Dunen aus.

Nahrung Hauptsächlich Mollusken, die sie in Tauchgängen von bis zu 50 Sekunden holt. Überwinternde Vögel können oft am Morgen und Abend beim Flug von den Weidegründen nahe dem Ufer zu den Ruheplätzen weiter draußen beobachtet werden.

M. n. americana

Verbreitung Die amerikanische Unterart brütet in Sibirien, östlich der Lena und in Nordamerika in Alaska, der Hudson Bay und in Neufundland. Die eurasische Unterart westlich der Lena bis Island, sowie im nördlichen Großbritannien.
Wanderung Im Winter zieht die Trauerente in Küstengewässer – in den USA nach Süden bis nach Kalifornien und South Carolina, in Nordeuropa nach Norwegen, an die Nordsee und bis an den Äquator, in Asien nach China und Japan. Obwohl Zählungen schwierig durchzuführen sind, schätzt man, daß bis zu 1 Million Vögel im Spätsommer die deutsche Nordseeküste passieren und eine weitere halbe Million im Frühling Finnland überquert.

Beobachtungen			
Datum ______		Datum ______	
Ort ______		Ort ______	
Männchen ___	Weibchen ___	Männchen ___	Weibchen ___
Jungvögel ___	Ruhekleid ___	Jungvögel ___	Ruhekleid ___
Verhalten			

Samtente

Melanitta fusca 51–58 cm **Karte 29**

Flügel (M)	260–286 mm	**Eifarbe**	cremefarben
Flügel (W)	232–271 mm	**Gelege**	7–9
Gewicht (M)	1173–2104 g	**Brutdauer**	27–28 Tage
Gewicht (W)	1140–1895 g	**Aufzucht**	50–55 Tage

Merkmale Die männliche Samtente ist ganz schwarz, sehr ähnlich der nahe verwandten Trauerente. Im Vergleich zu ihr ist sie größer, besitzt einen kommaförmigen Augenfleck, sowie einen größeren Schnabel mit mehr orange. Die Schnabelbasis ist aufgetrieben aber ohne den auffälligen Höcker wie die der Trauerente. Das deutlichste Unterscheidungsmerkmal ist der weiße Flügelspiegel beider Geschlechter der Samtente. Er ist deutlich im Flug und beim häufigen Ausschütteln der Flügel sichtbar. Das Weibchen ist dunkler als die weibliche Trauerente und hat nicht die hellen Wangen.

Lebensraum Brütet an Seen und Tümpeln von Tundra, Wäldern und Tälern weiter Teile der nördlichen Hemisphäre. Akzeptiert verschiedenartigere Habitate als die Trauerente.

Amerikanische Unterart M. f. deglandi

Nest Ufernahe Mulde, mit Pflanzen und Dunen ausgepolstert. Obwohl die Vögel keine Kolonien bilden, können die Nester sehr nahe beieinander liegen. Nehmen auch Nistkästen an.
Nahrung Im Sommer überwiegend Insektenlarven, im Winter Mollusken – vor allem Wellhornschnecken, Herzmuscheln und andere Muscheln in Küstennähe und Brackwasser.
Verbreitung Zirkumpolar; nicht östliches Nordamerika, Grönland und Island. Ihr Verbreitungsgebiet überlappt weitgehend mit dem der Trauerente, reicht aber weiter.
Wanderung Die amerikanischen Vögel überwintern in Baja California und South Carolina. Die Eurasier sammeln sich um die Nordsee und im Osten entlang der japanischen Küste, der Mandschurei und dem südlichen Kamtschatka.

Beobachtungen			
Datum ______		Datum ______	
Ort ______		Ort ______	
Männchen ___	Weibchen ___	Männchen ___	Weibchen ___
Jungvögel ___	Ruhekleid ___	Jungvögel ___	Ruhekleid ___
Verhalten			

Schellente

Bucephala clangula 42–50 cm **Karte 30**

Flügel (M)	202–231 mm	**Eifarbe**	blaugrün
Flügel (W)	186–207 mm	**Gelege**	8–11
Gewicht (M)	750–1245 g	**Brutdauer**	29–30 Tage
Gewicht (W)	500– 882 g	**Aufzucht**	57–66 Tage

Merkmale Der Erpel der Schellente ist ein kräftig gezeichneter schwarz-weißer Vogel mit stark grün schillerndem Kopf. Neben dem goldenen Auge und dem großen weißen Fleck am Schnabelansatz ist er durch den großen dreieckigen Kopf unverwechselbar. Das Weibchen hat einen braunen Kopf und einen graubeigen Körper, helle Augen und eine gelbe Schnabelspitze. Im Flug erkennt man beide Geschlechter am weißen Armflügel mit schwarzer Querbinde.
Lebensraum Brütet an Seen und Teichen alter Wälder. Die Vögel überwintern auf großen Süßwasserseen und in geschützten Buchten und Flußmündungen entlang der Küste.
Nest Höhlenbrüter, bevorzugt Baumlöcher mit Öffnung nach

oben, nicht tiefer als 1 m. Dieselbe Höhle kann von mehreren Weibchen benutzt werden (auch von verschiedenen Arten).

Nahrung Sehr vielseitig, Mollusken im Winter, Samen im Herbst und Insektenlarven im Sommer. Die Vögel fressen in kleinen Trupps und tauchen oft bis zu 3 m Tiefe.

Verbreitung Von Alaska bis Neufundland, und der Baumgrenze im Norden bis zur US-Grenze im Süden. In Eurasien vom Norden Großbritanniens und Skandinaviens bis Japan.

Wanderung Nach der Brutzeit sammeln sich die Schellenten in großen Schwärmen an ihren Mauserplätzen. Allein in Dänemark überwintern über 100 000. Amerikanische Vögel überwintern entlang der Ost- und Westküste, am Mississippi bis zu den großen Seen. In Europa sind das Baltikum, die Nordsee, das Schwarze und das Kaspische Meer die Hauptwinterquartiere.

Beobachtungen			
Datum ______		Datum ______	
Ort ______		Ort ______	
Männchen ___	Weibchen ___	Männchen ___	Weibchen ___
Jungvögel ___	Ruhekleid ___	Jungvögel ___	Ruhekleid ___
Verhalten			

Mittelsäger

Mergus serrator 52–58 cm **Karte 31**

Flügel (M)	226–255 mm	**Eifarbe**	beige
Flügel (W)	208–239 mm	**Gelege**	8–10
Gewicht (M)	900–1350 g	**Brutdauer**	31–32 Tage
Gewicht (W)	780–1055 g	**Aufzucht**	60–65 Tage

Merkmale Sehr typischer Säger: schlank, stromlinienförmig, für schnelles Tauchen gebaut. Der lange, dünne Schnabel mit gebogener Spitze ist an den Rändern scharf bezahnt, um schlüpfrige Beute festhalten zu können. Der kräftig gezeichnete Erpel ist an seiner Haube leicht zu erkennen. Dem ähnlichen Gänsesäger fehlen das breite Halsband und die charakteristisch aufgestellte Haube. Die Weibchen sind schwieriger zu bestimmen, aber das Mittelsägerweibchen hat, wie das Männchen, die waagrecht abstehenden Kopffedern.
Lebensraum Häufig an Flüssen mit steinigem Bett, an Flußmündungen und Meeresbuchten. Im Winter am Meer in geschützen Meeresbuchten und Flußmündungen.

Nest Eine mit Gras und Dunen ausgekleidete Mulde, geschützt am Boden, in einem Felsvorsprung oder einer Baumhöhle.
Nahrung Fisch. Kleine Fische werden unter Wasser verschluckt, größere werden an die Oberfläche gebracht. Sie fischen häufig in Gruppen, wobei sie sich in einer Reihe formieren und die Beute ins flache Wasser treiben.
Verbreitung Zirkumpolar in der Tundra und dem nördlichen Waldgürtel Amerikas und Eurasiens, einschließlich Grönland, Island und Großbritannien bis nach Wales im Süden.
Wanderung Die amerikanischen Vögel überwintern an den großen Seen, an der Ost-, West- und Golfküste bis Mexiko. Die Eurasier an der Nordsee, dem östlichen Mittelmeer, dem Kaspischen und dem Schwarzen Meer, China und Japan.

Beobachtungen			
Datum ______		Datum ______	
Ort ______		Ort ______	
Männchen ___	Weibchen ___	Männchen ___	Weibchen ___
Jungvögel ___	Ruhekleid ___	Jungvögel ___	Ruhekleid ___
Verhalten			

Gänsesäger

Mergus merganser 58–66 cm **Karte 32**

Flügel (M)	263–295 mm	**Eifarbe**	cremefarben
Flügel (W)	242–270 mm	**Gelege**	8–11
Gewicht (M)	1264–2160 g	**Brutdauer**	30–32 Tage
Gewicht (W)	898–1770 g	**Aufzucht**	60–70 Tage

Merkmale Größter und imposantester Säger. Der Kopf des Männchens ist dunkelgrün mit einer deutlich gerundeten Haube. Der Rücken ist schwarz, die Flanken weiß, Brust und Unterseite sind blaßrot überhaucht. Das Weibchen ist dem Mittelsägerweibchen sehr ähnlich, ist aber länger und hat einen dunkleren kastanienbraunen Kopf. Die Haube fällt eher zum Rücken hin ab als waagrecht abzustehen. Die Erpel der amerikanischen Unterart *(M. m. americanus)* unterscheiden sich von den eurasischen *(M. m. merganser)* durch ein schmales, diagonales schwarzes Band am Armflügel.
Lebensraum Brütet an Seen und rasch fließenden Flüssen im Waldgürtel um die nördliche Hemisphäre. Nicht in der Tundra, aber in den Rocky Mountains bis Kalifornien, in den Alpen und auf der zentralasiatischen Hochebene.
Nest Dunengepolsterte Nisthöhle in Bäumen (oft von Spechten verlassen), Felsspalten, Gebäuden; auch in Nistkästen.
Nahrung Fisch, im Meer hauptsächlich Hering, im Süßwasser Forellen und junge Lachse. Auch Aal, Rotfeder und andere.
Verbreitung Zirkumpolar, einschließlich Island und Großbritannien (1871 angesiedelt). Nicht in Grönland.

Amerikanische Unterart M.m.americanus

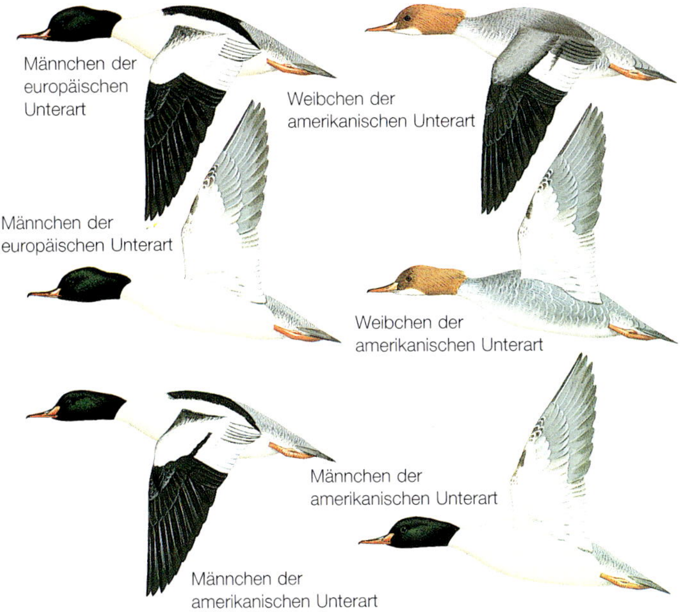

Wanderung Im Winter ziehen die amerikanischen Vögel in den Süden der USA. Die europäischen sammeln sich auf Gewässern um Nordsee, südliches Baltisches und Kaspisches Meer, die nordasiatischen in Zentralasien, Japan und Südchina.

Beobachtungen			
Datum ____		Datum ____	
Ort ____		Ort ____	
Männchen ____	Weibchen ____	Männchen ____	Weibchen ____
Jungvögel ____	Ruhekleid ____	Jungvögel ____	Ruhekleid ____
Verhalten			

Schwarzkopf-Ruderente

Oxyura jamaicensis 35–43 cm **Karte 33**

Flügel (M)	142–154 mm	**Eifarbe**	cremeweiß
Flügel (W)	135–149 mm	**Gelege**	6–10
Gewicht (M)	540–795 g	**Brutdauer**	25–26 Tage
Gewicht (W)	310–650 g	**Aufzucht**	50–55 Tage

Merkmale Das Männchen ist im Brutkleid kräftig kastanienbraun gefärbt. Der lange, dunkelbraune Schwanz wird, wie für Steifschwanzenten typisch, häufig steil nach oben gehalten. Nakken und Scheitel sind dunkel, die Wangen weiß, der breite, spatelförmige Schnabel hellblau mit orangem Rand. Im braunen Schlichtkleid gleicht der Erpel dem Weibchen und kann dann an den weißen Wangen erkannt werden. Das Weibchen ist braun, zart gestreift, mit typischem dunklen Streif über die hellbeigen Wangen. Im Flug am einheitlich dunkel gefärbten Oberflügel zu erkennen.

Lebensraum Flache Moore und Tümpel mit üppiger Oberflächenvegetation und Schilfinseln.
Nest Plattform aus Röhricht und welken Pflanzenresten, oft in einiger Entfernung vom Ufer in bis zu 1m tiefem Wasser. Darauf baut das Weibchen ein kleines, schalenförmiges Nest.
Nahrung Siebt Wurzeln, Sprosse und Samen aus dem Schlamm des Seegrundes. Krebstiere, Mollusken und Insektenlarven werden saisonabhängig ebenfalls gefressen.
Verbreitung Im Westen der USA verbreitet. In Großbritannien brütete sie erstmals 1960 wild in Gloucestershire und hat sich seitdem bis in die Midlands ausgebreitet.
Wanderung Die amerikanischen Vögel ziehen im Winter bis Mexiko, in die Südstaaten und ostwärts bis New York. Einige Vögel des kleinen britischen Bestands ziehen nach Belgien.

Beobachtungen			
Datum ____________		Datum ____________	
Ort ____________		Ort ____________	
Männchen ___	Weibchen ___	Männchen ___	Weibchen ___
Jungvögel ___	Ruhekleid ___	Jungvögel ___	Ruhekleid ___
Verhalten			

Nilgans

Alopochen aegyptiacus 63–73 cm **Karte 36**

Flügel (M)	378–406 mm	**Eifarbe**	cremeweiß
Flügel (W)	352–390 mm	**Gelege**	6–12
Gewicht (M)	1900–2250 g	**Brutdauer**	28–30 Tage
Gewicht (W)	1500–1800 g	**Aufzucht**	70–75 Tage

Merkmale Kräftiger, langbeiniger Vogel mit aufrechter Haltung. Vorwiegend rostbraun mit hellbeiger Unterseite. Auffälligstes Merkmal des Kopfgefieders ist der dunkle Augenfleck. Im Flug sind die mit den schwarzen Hand- und Armschwingen kontrastierenden rein weißen Ober- und Unterflügeldecken ein gutes Bestimmungsmerkmal. Die Geschlechter ähneln sich, das Weibchen ist etwas kleiner.

Lebensraum In Afrika ein Vogel der Flußufer und Sümpfe. Außer im dichten Wald und in der Wüste fast überall. In England auf feuchten Wiesen und Feldern.

Nest Das Weibchen legt die Eier in Baumhöhlen; manchmal auch in große, verlassene Nisthöhlen anderer Arten. Kann auch ein Bodennest aus Gras und Dunen oder eine Höhlung im Flußufer benutzen.
Nahrung Hauptsächlich Gras, auch Getreide.
Verbreitung In Afrika südlich der Sahara, mit Winterquartieren im südlichen Tunesien, wo die Art früher brütete. Der Vogel wurde im 18. Jahrhundert in England eingebürgert, wo jetzt in East Anglia eine Population mit einem Bestand von 400–500 Tieren verwildert lebt. In den letzten Jahren konnte kaum Zuwachs verzeichnet werden. Vielleicht hält die Konkurrenz mit anderen großen Wasservögeln den Bruterfolg klein. Trotz der großen Wurfgröße überleben nur 2 Jungvögel pro Paar.

Beobachtungen			
Datum ______		Datum ______	
Ort ______		Ort ______	
Männchen ___	Weibchen ___	Männchen ___	Weibchen ___
Jungvögel ___	Ruhekleid ___	Jungvögel ___	Ruhekleid ___
Verhalten			

Brandente

Tadorna tadorna 58–67 cm **Karte 37**

Flügel (M)	312–350 mm	**Eifarbe**	cremeweiß
Flügel (W)	284–316 mm	**Gelege**	8–11
Gewicht (M)	830–1500 g	**Brutdauer**	29–31 Tage
Gewicht (W)	562–1250 g	**Aufzucht**	45–50 Tage

Merkmale Die Brandente ist eine der auffälligsten Küstenvögel. Sie wirkt aus der Ferne schwarz-weiß. Aus der Nähe ist der Kopf des Männchens grünschwarz schillernd, der rote Schnabel wie beim Schwan mit einem Höcker am Schnabelansatz. Das weiße Körpergefieder wird durch schwarze horizontale Rückenstreifen und ein kastanienbraunes Brustband unterbrochen. Das Weibchen ist ähnlich, aber weniger kontrastreich gezeichnet. Ihr fehlt der Schnabelhöcker und sie hat einen weißen Augenring. Langsamer gänseähnlicher Flug.
Lebensraum Besonders Schlammflächen an den Küsten. Bei Flut in lockeren Gruppen auf nahegelegenen Feldern, oft in Gesellschaft von Pfeifenten und anderen Küstenvögeln.

Nest Dunengepolstertes Nest in Baumhöhlen, Kaninchenbauten, Heuhaufen oder Gebäuden.
Nahrung Durch charakteristisches Hin- und Herbewegen des Schnabels werden vorwiegend Kleintiere aus dem Schlamm gesiebt. Winzige marine Schnecken der Gattung Hydrobia sind die Hauptnahrung. An Land auch Insekten und Samen.
Verbreitung Entlang den Küsten Nordwest-Europas und den Schwedischen Seen verbreitet. Brütet auch im Mittelmeerraum und in einem breiten Streifen vom Schwarzen Meer bis China.
Wanderung Noch ehe die Jungen flügge sind, fliegen die Altvögel weg. Einige bleiben zur Aufsicht zurück. Mausern in riesigen Schwärmen: über 100 000 auf dem Großen Knechtsand zwischen Elb- und Wesermündung und bis zu 4000 in der Bridgewater Bay im Südwesten Englands.

Beobachtungen			
Datum ____		Datum ____	
Ort ____		Ort ____	
Männchen ____	Weibchen ____	Männchen ____	Weibchen ____
Jungvögel ____	Ruhekleid ____	Jungvögel ____	Ruhekleid ____
Verhalten			

Rostgans

Tadorna ferruginea 61–67 cm **Karte 38**

Flügel (M)	354–383 mm	**Eifarbe**	weiß
Flügel (W)	321–369 mm	**Gelege**	6–12
Gewicht (M)	1360–1600 g	**Brutdauer**	28–29 Tage
Gewicht (W)	925–1500 g	**Aufzucht**	55 Tage

Merkmale Rostgänse haben orange-braunes Gefieder, dunkle Augen, schwarze Schnäbel und Füße. Das weiße Schulterfeld bleibt bei zusammengefalteten Flügeln oft verborgen. Die schwarzen Spitzen der lange Flügel reichen bis hinter das Ende des Schwanzes. Die Geschlechter unterscheiden sich durch den schmalen schwarzen Halsring des Männchens und den blassen (oft fast weißen) Kopf des Weibchens. Im Flug zeigen beide Geschlechter weiße Flügeldecken und pechschwarze Armschwingen mit schwarzgrün schillerndem Spiegel.
Lebensraum Offenes Land mit kurzer Grasvegetation. Immer in der Nähe von Wasser – von Süßwasserseen und Flüssen bis zu Binnenmeeren und salzigen Lagunen.
Nest Einfache dunenausgepolsterte Nisthöhle in Bäumen, auf Sandbänken, in Felsnischen oder sogar Gebäuden.

Nahrung Weidet hauptsächlich nachts Gräser. Oft in einiger Entfernung vom Wasser. Auch Frösche, Würmer und Insekten.
Verbreitung In Europa gibt es kleine Populationen in Griechenland, Bulgarien und Rumänien. Abgesehen von einer Brutpopulation im Atlasgebirge ist der Großteil weit über das südliche Innerasien verbreitet.
Wanderung Die große innerasiatische Population zieht nach Süden zu den Ausläufern des Himalayas, den Ebenen Nordindiens und nach Süd- und Ostchina. Die europäischen Vögel überwintern in der Türkei, Zypern und im Nildelta.

Beobachtungen			
Datum ____		Datum ____	
Ort ____		Ort ____	
Männchen ____	Weibchen ____	Männchen ____	Weibchen ____
Jungvögel ____	Ruhekleid ____	Jungvögel ____	Ruhekleid ____
Verhalten			

Mandarinente

Aix galericulata 41–49 cm **Karte 39**

Flügel (M)	226–242 mm	**Eifarbe**	weiß
Flügel (W)	215–234 mm	**Gelege**	9–12
Gewicht (M)	571–693 g	**Brutdauer**	28–30 Tage
Gewicht (W)	428–608 g	**Aufzucht**	40–45 Tage

Merkmale Die männliche Mandarinente ist unverwechselbar. Das Gefieder leuchtet rot, orange, blau, grün und beige mit kräftigen schwarz-weißen Streifen. Die Wangen und den Hals schmücken lange Federn. In Ruhe bildet die aufrecht stehende Innenfahne des Schulterfittichs ein dreieckiges, zimtfarbenes Segel, das sehr effektvoll zur Schau gestellt wird. Das Weibchen ist oben zart braun und unten weiß, der Kopf ist grau mit einem weißen Streifen hinter dem Auge. Im Flug sind die kleine Größe und der zugespitzte Schwanz das beste Bestimmungsmerkmal.
Lebensraum Kleine Seen in dicht bewaldeten Gebieten. Auch entlang waldgesäumter Flüsse und in Parks und Gärten.
Nest Baumhöhle, dick mit Dunen, Holzstückchen und Pflanzenteilen ausgepolstert; in bis zu 12 m Höhe.

Nahrung Ernährt sich an Land von Eicheln, Nüssen und Samen.
Verbreitung Die natürlichen Brutgebiete sind Ostsibirien, China und Japan, aber ihre Zahl hat in den letzten Jahren bedenklich abgenommen. 1745 in England als Ziervogel eingeführt. Entkommene Tiere begannen in diesem Jahrhundert wild zu brüten. Heute in Südostengland bis zu 400 Paare.
Wanderung Die östlichen Vögel überwintern in Japan und China. Die meisten britischen Vögel sind Standvögel, aber einige ziehen bis nach Ungarn. Zwei beringte Vögel wurden eines Novembers in Norwegen registriert und nur 24 Stunden später 800 km davon entfernt in Northumberland.

Beobachtungen			
Datum ____		Datum ____	
Ort ____		Ort ____	
Männchen ____	Weibchen ____	Männchen ____	Weibchen ____
Jungvögel ____	Ruhekleid ____	Jungvögel ____	Ruhekleid ____
Verhalten			

Pfeifente

Anas penelope 45–51 cm **Karte 35**

Flügel (M)	252–281 mm	**Eifarbe**	cremefarben
Flügel (W)	242–262 mm	**Gelege**	6–12
Gewicht (M)	600–1090 g	**Brutdauer**	24–25 Tage
Gewicht (W)	530– 910 g	**Aufzucht**	40–45 Tage

Merkmale Der Kopf des Erpels ist kastanienbraun mit goldgelbem Scheitelband, die Brust zart rosa und der Rest des Körpers blaß-grau mit einem zum schwarzen Schwanz und den schwarzen Flügelspitzen kontrastierenden weißen Heck. Gerundeter Kopf mit einem kleinen, stahlblauen Schnabel, der eher dem einer Gans ähnelt. Das kastanienbraune Weibchen mit hellen Flanken unterscheidet sich durch diesen Schnabel von anderen Schwimmenten.

Lebensraum Im Winter Schlammflächen, Flußmündungen, Wattenmeer und Wiesen in der Nähe von Seen. Zur Brutzeit in der arktischen Tundra und in Schottischen Mooren.

Nest Eine kleine Bodensenke mit weichem Gras und Dunen, verborgen in hohem Gras oder Heide. Beginn der Legeperiode

bei einsetzender Schneeschmelze; im hohen Norden oft erst Ende Mai.

Nahrung Sie weiden nachts an Land Gräser und im Watt Pflanzen wie Seegras (Zostera). Die Vögel fliegen in dichten Trupps bei Einbruch der Dunkelheit zu ihren Weidegründen und kehren in der Morgendämmerung zurück. Dann kann man ihr melodiöses Pfeifen hören.

Verbreitung Das Brutgebiet erstreckt sich von Island quer über Nordeuropa und Asien bis zur Beringstraße.

Wanderung Am Ende der Brutzeit ziehen Millionen von Pfeifenten nach Westeuropa, Ostafrika, nördlichem Zentralindien und Indochina. Die meisten in Großbritannien überwinternden Vögel kommen aus Skandinavien.

Beobachtungen			
Datum ______		Datum ______	
Ort ______		Ort ______	
Männchen ___	Weibchen ___	Männchen ___	Weibchen ___
Jungvögel ___	Ruhekleid ___	Jungvögel ___	Ruhekleid ___
Verhalten			

Knäkente

Anas querquedula 37–41 cm **Karte 40**

Flügel (M)	187–211 mm	**Eifarbe**	beige
Flügel (W)	182–196 mm	**Gelege**	8–9
Gewicht (M)	250–600 g	**Brutdauer**	21–23 Tage
Gewicht (W)	250–550 g	**Aufzucht**	35–40 Tage

Merkmale Etwa so groß wie die Krickente. Im Schlichtkleid können Männchen und Weibchen leicht mit ihr verwechselt werden. Das Brutkleid des Männchens ist dagegen sehr charakteristisch, mit einem auffälligen weißen, vom Auge zum Nacken führenden Bogenstreif. Rücken und Brust sind braun gesprenkelt, über die fein grau gestreiften Flanken fallen lange schwarzweiße Schulterfedern. Das Weibchen erkennt man an der typischen Kopfstreifung. Im Flug beide Geschlechter mit hellblauem Vorderflügel.
Lebensraum Brütet an Teichen und Mooren. Stark territorial. Winterquartiere sind Seen, über die Ufer tretende Flüsse und Deltagebiete Afrikas und des südlichen Indiens.
Nest Einfache Mulde, ausgekleidet mit Gras und Dunen, immer in Wassernähe.

Nahrung Samen, Insekten, Larven, Krebstiere und Mollusken, die von der Wasseroberfläche bzw. kurz darunter aufgenommen werden. Dabei schwimmen die Enten wie die Löffelenten mit ausgestrecktem Hals umher, den Kopf teilweise unter Wasser. Knäkenten gründeln selten.

Verbreitung Selten in Westeuropa (mit 5000 Brutpaaren die mit Abstand größte Population in Holland), häufiger in Osteuropa und vom nördlichen Zentralasien bis Japan.

Wanderung Einzige Art der Alten Welt, die im Winter vollständig wegzieht. Zieht oft tausende von Kilometern in das Afrika südlich der Sahelzone, in die Steppen Nordindiens und zu den Seen und Flüssen Südostasiens.

Beobachtungen			
Datum ______		Datum ______	
Ort ______		Ort ______	
Männchen ____	Weibchen ____	Männchen ____	Weibchen ____
Jungvögel ____	Ruhekleid ____	Jungvögel ____	Ruhekleid ____
Verhalten			

Marmelente

Marmaronetta angustirostris 39–42 cm **Karte 41**

Flügel (M)	180–215 mm	**Eifarbe**	gelblich
Flügel (W)	174–206 mm	**Gelege**	7–14
Gewicht (M)	535–590 g	**Brutdauer**	25–27 Tage
Gewicht (W)	450–535 g	**Aufzucht**	?

Merkmale Aus der Ferne wirken beide Geschlechter einfarbig hellbeige, mit einem dunklen Augenfleck. Aus der Nähe ist das Gefieder kräftig braun und weiß getüpfelt, kräftige Farben oder auffällige Merkmale fehlen. Beim Männchen läßt ein kleiner Schopf im Nacken den Kopf größer erscheinen. Der Schnabel beider Geschlechter ist groß. Sowohl im Flug als auch in Ruhe sind sich die Geschlechter sehr ähnlich.
Lebensraum Pendelt ungern zwischen sicherem Rastplatz und gutem Weidegrund hin und her. Sie benötigt ein Habitat, das alle Anforderungen erfüllt und ist deshalb beschränkt auf flache Teiche oder Sumpfland mit reicher Oberflächenvegetation als Deckung und Nahrung. Solche Habitate werden gerne landwirtschaftlich genutzt, was vielleicht ein Grund für die Seltenheit des Vogels in Europa ist.
Nest Flaches, schalenförmiges Nest, ausgekleidet mit Gräsern und Dunen. Immer gut in der Ufervegetation verborgen.
Nahrung Unsicher. Der Vogel schnattert an der Oberfläche und gründelt, aber es ist umstritten, ob er sich rein pflanzlich oder pflanzlich und tierisch ernährt.

Während der Balz sträuben sich die Kopffedern des Männchens und bilden eine „sägerartige“ Haube.

Verbreitung Das Hauptvorkommen in Südeuropa ist am Coto de Doñana in Spanien, aber hier wie in Algerien, Marokko, Tunesien und der Türkei ist der Bestand rückgängig. Die Hauptbrutgebiete sind das Kaspische Meer und der Aralsee mit den meisten der weltweit 5000 bis 10 000 Brutpaare.
Wanderung Standvogel in Spanien, Nordafrika, der Türkei und am Kaspischen Meer. Die anderen ziehen im Winter nach Ägypten, Pakistan und zum Persischen Golf.

Beobachtungen			
Datum ______		Datum ______	
Ort ______		Ort ______	
Männchen ___	Weibchen ___	Männchen ___	Weibchen ___
Jungvögel ___	Ruhekleid ___	Jungvögel ___	Ruhekleid ___
Verhalten			

Kolbenente

Netta rufina 53–57 cm **Karte 42**

Flügel (**M**)	250–273 mm	**Eifarbe**	hellbeige
Flügel (**W**)	237–275 mm	**Gelege**	8–10
Gewicht (**M**)	900–1420 g	**Brutdauer**	26–28 Tage
Gewicht (**W**)	830–1400 g	**Aufzucht**	45–50 Tage

Merkmale Man erkennt den Erpel sofort am leuchtend orangeroten Kopf, der mit dem Schwarz von Nacken, Brust und Unterseite kontrastiert. Der Rücken ist graubraun, die Flanken weiß und das Heck schwarz. Dem Weibchen fehlen diese kräftigen Farben; es ist graubraun, mit dunkelbrauner Kappe und cremefarbenen Wangen. Der Schnabel des Männchens ist lackrot, der des Weibchens grau mit blaßroter Spitze. Im Flug zeigen beide Geschlechter ein breites, weißes Flügelband, das vom schwarzen Körper des Männchens absticht.
Lebensraum Brütet in Seen mit reichlich Nahrung, Schilfbewuchs oder anderer Ufervegetation. In Europa sehr anpassungsfähig.

Nest Aus gerade vorhandener Vegetation; ausgekleidet mit Gras, Binsen und Dunen. Das Nest ist immer gut in der Vegetation verborgen, entweder am Ufer oder im Schilf.
Nahrung Taucht in 2–4 m Tiefe hauptsächlich nach Wasserpflanzen, gründelt aber auch.
Verbreitung Über Europa verstreuter Bestand. Bedeutende Brutgebiete am Kaspischen Meer, dem Aral See und östlich davon über das südliche Sibirien.
Wanderung Die Enten verlassen im Winter ihr Brutgebiet und ziehen ans Mittelmeer, ans Schwarze Meer, in den Iran und teilweise bis Indien, Pakistan und Bangladesch.

Beobachtungen			
Datum ______		Datum ______	
Ort ______		Ort ______	
Männchen ___	Weibchen ___	Männchen ___	Weibchen ___
Jungvögel ___	Ruhekleid ___	Jungvögel ___	Ruhekleid ___
Verhalten			

Tafelente

Aythya ferina 42–49 cm **Karte 43**

Flügel (M)	202–223 mm	**Eifarbe**	graugrün
Flügel (W)	185–216 mm	**Gelege**	8–10
Gewicht (M)	585–1300 g	**Brutdauer**	24–28 Tage
Gewicht (W)	467–1100 g	**Aufzucht**	50–55 Tage

Merkmale Eng mit der ähnlich aussehenden Riesentafelente und der Rotkopfente Nordamerikas verwandt. Der Erpel mit kastanienbraunem Kopf und Hals, schwarzer Brust, schwarzem Heck und grauen Flanken. Aus der Ferne wirkt der Kopf dunkel. Dadurch könnte er mit der Bergente verwechselt werden, von der ihn aber die unterschiedliche Kopfform unterscheidet. Weibliche Tafelenten vorwiegend graubraun, mit dunklerem Vorderkörper und hellem Augenring. Im Flug graue Flügel mit hellgrauem Flügelband. Fliegt ziemlich schnell in kompakten Trupps.

Lebensraum Tafelenten brüten auf flachen Schilfseen und in Mooren vom gemäßigten und nördlichen Westeuropa bis nach Sibirien im Osten. Fehlt in der Tundra.

Nest Ein zierliches, schalenförmiges Nest aus Gras und Schilf, mit Dunen ausgepolstert. Als Bodennest in Wassernähe oder im dichten Schilf über dem Wasser gebaut.
Nahrung Vorwiegend Pflanzen. Taucht bis ca. 2,5 m Tiefe. Sie frißt gewöhnlich bei Nacht und verbringt im Winter den Tag schlafend auf Seen und Stauseen.
Verbreitung Von Island und Großbritannien bis ins östliche Sibirien. Vereinzelte Brutpopulationen in Südspanien, im spanischen Mittelmeerraum, in Tunesien und in der Türkei.
Wanderung Über eine Million Vögel überwintert in Westeuropa, am Mittelmeer und am Schwarzen Meer. Im Westen der Sowjetunion gibt es ca. 380 000 Vögel. Winterquartiere am Kaspischen Meer, in Nord-Indien, Japan und Südchina.

Beobachtungen			
Datum ____		Datum ____	
Ort ____		Ort ____	
Männchen ____	Weibchen ____	Männchen ____	Weibchen ____
Jungvögel ____	Ruhekleid ____	Jungvögel ____	Ruhekleid ____
Verhalten			

Moorente

Aythya nyroca 38–42 cm **Karte 44**

Flügel (M)	180–196 mm	**Eifarbe**	hellbeige
Flügel (W)	178–185 mm	**Gelege**	8–10
Gewicht (M)	440–740 g	**Brutdauer**	25–27 Tage
Gewicht (W)	410–727 g	**Aufzucht**	55–60 Tage

Merkmale Geschlechter sehr ähnlich. Beide mit kräftig kastanienbraunem Gefieder an Kopf, Hals, Brust und Flanken und sehr dunklem, fast schwarzem Rückengefieder. Ein wichtiges Bestimmungsmerkmal sind die weißen Unterschwanzdecken; sie haben auch die Weibchen der Reiherenten, besonders im Herbst. Der hohe Scheitel der Moorenten schließt eine Verwechslung mit der rundköpfigen Reiherente jedoch aus. Aus der Nähe kann man die Geschlechter durch das helle Auge und den dunklen Nackenring des Männchens unterscheiden.

Lebensraum Moorenten brüten nur in flachen Frischwasserhabitaten mit reichlichem Wasserpflanzenbewuchs und dichter Ufervegetation wie Schilf und Weiden. Außerhalb der Brutzeit werden Salzwasser- und offenere Habitate gesucht.

Nest Eine große Plattform aus gerade verfügbarem Material, im Schilf oder der Schwimmblattflur verborgen.
Nahrung Hauptsächlich Samen, Blätter und Pflanzensprosse. Zu gleichen Teilen tauchend und gründelnd.
Verbreitung Hauptverbreitungsgebiet zwischen und nördlich Schwarzem und Kaspischem Meer. Auch im Süden und Osten des Aralsees. Sie brütet in Osteuropa; nur vereinzelt in Westeuropa. Kleine rückgängige Populationen existieren in Frankreich und Spanien, während sie in Italien, Griechenland, Marokko oder Algerien nicht mehr regelmäßig brütet.
Wanderung Die meisten Vögel überwintern südlich des Kaspischen Meeres, in der Türkei, Italien und stellenweise in Nordafrika. Die östlichen Bestände in Nordindien.

Beobachtungen			
Datum ______		Datum ______	
Ort ______		Ort ______	
Männchen ___	Weibchen ___	Männchen ___	Weibchen ___
Jungvögel ___	Ruhekleid ___	Jungvögel ___	Ruhekleid ___
Verhalten			

Reiherente

Aythya fuligula 40–47 cm **Karte 45**

Flügel (M)	194–215 mm	**Eifarbe**	graugrün
Flügel (W)	185–205 mm	**Gelege**	8–11
Gewicht (M)	475–1028 g	**Brutdauer**	23–28 Tage
Gewicht (W)	335–995 g	**Aufzucht**	45–50 Tage

Merkmale Die männliche Reiherente ist eine hübsche, kleine Ente mit blauschwarz schillerndem Kopf, Brust und Rücken. Flanken und Unterseite sind weiß. Der Schnabel ist silbergrau mit schwarzer Spitze, die Augen sind gelb und den Kopf ziert ein herabhängender Federschopf. Die meisten anderen schwarz-weißen Enten haben eckige Köpfe; die Reiherente ist durch ihren gerundeten Kopf zu erkennen. Das Weibchen ist schokoladebraun mit helleren, beige gestreiften Flanken. Im Flug erkennt man beide Geschlechter an einem auffällig weißen Flügelband im ansonsten dunklen Gefieder.

Lebensraum Mäßig tiefe Süßwasserseen, überflutete Kiesgruben und Stauseen. Die starke Zunahme in Nord- und Westeuropa in

den letzten 100 Jahren liegt an ihrer Vorliebe für die an vielen Stellen aufgestauten Gewässer.

Nest Ein flaches, schalenförmiges Nest aus trockenem Gras, Schilf und Blättern. Oft auf einer kleinen Insel oder einem großen Graskissen. Meist gut getarnt, nicht jedoch, wenn das Nest in einer Möwen- oder Seeschwalbenkolonie liegt.

Nahrung Mollusken, Insekten, Krebstiere und einige Samen, die großteils heraufgetaucht werden. Gründelt aber auch.

Verbreitung Island, Britische Inseln, über Nordwesteuropa und Eurasien bis Kamtschatka und Japan.

Wanderung In Europa werden im Winter Reiherentenschwärme mit bis zu 2000 Vögeln zunehmend häufiger. Sonst überwintern sie in Ostafrika, am Kaspischen Meer, in Nord-Indien, dem südlichen China und in Japan.

Beobachtungen			
Datum ________		Datum ________	
Ort ________		Ort ________	
Männchen ____	Weibchen ____	Männchen ____	Weibchen ____
Jungvögel ____	Ruhekleid ____	Jungvögel ____	Ruhekleid ____
Verhalten			

Zwergsäger

Mergus albellus 38–44 cm **Karte 46**

Flügel (M)	188–208 mm	**Eifarbe**	cremefarben
Flügel (W)	171–189 mm	**Gelege**	7–9
Gewicht (M)	510–935 g	**Brutdauer**	26–28 Tage
Gewicht (W)	500–680 g	**Aufzucht**	?

Merkmale Das Männchen ist leuchtend weiß, mit kräftigen schwarzen Linien am Rücken, schwarzer Augenmaske und einer aufrichtbaren Haube. Seine Färbung ist einmalig. Abgesehen von der typischen Entenform könnte sie mit einer kleinen Möwe verwechselt werden. Der Oberkörper des Weibchens ist dunkelgrau, Flanken und Brust sind etwas heller. Die Wangen sind weiß, der Scheitel rostbraun. Im Jugendkleid sehen beide Geschlechter dem Weibchen ähnlich.
Lebensraum Brütet auf kleinen Teichen und Seen des nordischen Nadelwaldgürtels südlich der Tundra und überwintert auf eisfreien Seen, Stauseen, Meeresbuchten und Mündungen.
Nest Meist eine Baumhöhle (oft von einem Schwarzspecht), auch in Nistkästen von Schellenten.

Nahrung Überwiegend Fische, die oft unter dem Eis teilweise zugefrorener Gewässer herausgetaucht werden. Im Winter Karpfen, Aale, kleine Lachse und Elritzen, im Frühjahr und Sommer Insekten und Larven (besonders Köcherfliegenlarven).
Verbreitung Brütet in Skandinavien, quer über die nördliche Klimazone zum Ochotskischen Meer und in Kamtschatka.
Wanderung In den gemäßigten Zonen nur als Wintergast. Seine Fähigkeit, ohne Anlauf auffliegen zu können, ermöglicht es ihm, kleine, teilweise zugefrorene Gewässer zu nutzen, die von anderen Arten gemieden werden. Im Winter über Europa verstreut, am Kaspischen Meer, in China und Japan.

Beobachtungen			
Datum ______		Datum ______	
Ort ______		Ort ______	
Männchen ____	Weibchen ____	Männchen ____	Weibchen ____
Jungvögel ____	Ruhekleid ____	Jungvögel ____	Ruhekleid ____
Verhalten			

Weißkopf-Ruderente

Oxyura leucocephala 43–48 cm **Karte 47**

Flügel (M)	157–172 mm	**Eifarbe**	weiß
Flügel (W)	148–167 mm	**Gelege**	5–10
Gewicht (M)	720–800 g	**Brutdauer**	25–26 Tage
Gewicht (W)	510–900 g	**Aufzucht**	?

Merkmale Der Erpel ist beigebraun, an Flanken und Rücken kräftig gebändert und hat weiße Kopfseiten mit dunklem Scheitel. Der große, am Ansatz aufgetriebene Schnabel ist blau. Das Weibchen ist insgesamt dunkler, stärker gestreift und hat einen dunklen Streifen quer über die grauen Wangen. Der Schnabel ist dunkelgrau. Die Zeichnung des Kopfes gleicht der der weiblichen Schwarzkopf-Ruderente, ist aber kräftiger. Im Flug durch die ganz einfarbigen Flügel und den langen, spitzen Schwanz zu erkennen.

Lebensraum Wie die meisten Steifschwanzenten bevorzugt die Weißkopf-Ruderente flache Gewässer mit reicher Vegetation. Der gegenwärtige Rückgang der Art hängt wahrscheinlich mit der Trockenlegung ihrer Habitate zusammen.

Nest Plattform aus Wasserpflanzen. Benutzt oft die Überreste eines alten Nests als Unterbau.

Nahrung Allesfresser; ernährt sich fast ganzjährig von Samen und Blättern, saisonbedingt aber auch von Insekten und im Winter von Schnecken, Würmern und Krebstieren. Auch in flachem Wasser tauchen die Vögel lang.

Verbreitung Brütet stellenweise in Spanien, Nordafrika und der Türkei und in der Steppenregion der südlichen Sowjetunion, besonders in Kasachstan.

Wanderung Obwohl sie kein guter Flieger ist, zieht sie lange Strecken. Über 1000 überwintern in Pakistan, 800 am Kaspischen Meer und 1000 in Tunesien, aber die Mehrzahl mit 6000–9000 Vögeln im türkischen Burdur Gölü.

Beobachtungen			
Datum ____		Datum ____	
Ort ____		Ort ____	
Männchen ____	Weibchen ____	Männchen ____	Weibchen ____
Jungvögel ____	Ruhekleid ____	Jungvögel ____	Ruhekleid ____
Verhalten			

Enten Nordamerikas und Asiens

Gelbbrust-Pfeifgans

Drendrocygna bicolor 51–53 cm **Karte 34**

Flügel (M)	209–220 mm	**Eifarbe**	weiß
Flügel (W)	212–220 mm	**Gelege**	6–16
Gewicht (M)	747 g	**Brutdauer**	24–26 Tage
Gewicht (W)	590–770 g	**Aufzucht**	63 Tage

Merkmale Die Gelbbrust-Pfeifgans ist an Kopf, Brust und Unterseite kräftig gelbbraun gefärbt. An der Kehle ist ein charakteristisch gänseartiger Fleck. Die Oberseite ist dunkelbraun mit gelbbraunen Querstreifen. Wie die anderen Pfeifgänse hat auch die Gelbbrust-Pfeifgans lange, kräftige Beine; bei ihr sind sie graublau gefärbt. Im Flug, während dem die Beine über den Schwanz hinausragen, sind sie ein gutes Bestimmungsmerkmal. Die Geschlechter können nur durch die Stimme unterschieden werden. Die Vögel sind gesellig und stehen üblicherweise aufrecht in dicht gedrängten Trupps.
Lebensraum Im wesentlichen in sumpfigen Habitaten anzutreffen; hat sich in den USA gut an Reisfelder angepaßt. In weiten Teilen der Verbreitungsgebiete als Baumente bekannt.
Nest Einfache Mulde in der Sumpfvegetation, meist über dem

Männchen und Weibchen sind im Flug und in Ruhe praktisch nicht zu unterscheiden

Wasser. In manchen Gegenden nistet der Vogel in Baumhöhlen, auf dem Boden oder in verlassenen Nestern fremder Arten.
Nahrung Samen von Wasserpflanzen, Getreide und Wasserinsekten (besonders Käfer) werden beim Tauchen aufgenommen.
Verbreitung Außergewöhnlich verbreiteter Vogel. Die Art kommt ohne sichtbare Unterschiede im Süden der USA, Mexiko, Südamerika, dem südlichen Afrika, Madagaskar, Indien, Sri Lanka und Burma vor.
Wanderung Wie die meisten tropischen Arten ist auch die Gelbbrust-Pfeifente ein Standvogel.

Beobachtungen			
Datum ______		Datum ______	
Ort ______		Ort ______	
Männchen ___	Weibchen ___	Männchen ___	Weibchen ___
Jungvögel ___	Ruhekleid ___	Jungvögel ___	Ruhekleid ___
Verhalten			

Rotschnabelpfeifgans (Herbstente)

Dendrocygna autumnalis 51–56 cm **Karte 1**

Flügel (M)	231–251 mm	**Eifarbe**	hellbeige
Flügel (W)	223–249 mm	**Gelege**	12–16
Gewicht (M)	728–951 g	**Brutdauer**	25–31 Tage
Gewicht (W)	831–978 g	**Aufzucht**	56 Tage

Merkmale Wie auch bei den anderen Pfeifenten sind beide Geschlechter in Ruhe und im Flug praktisch identisch. Scheitel, Nacken, Brust und Rücken sind braun. Die Unterseite ist schwarz und wird durch einen breiten weißen Streifen, der vom Flügel herrührt, vom Oberkörper abgegrenzt. Wangen und Kehle sind beigegrau, der Schnabel, wie der Name andeutet, leuchtend rot. Die langen Beine sind leuchtend rosa. Der Vogel steht aufrecht mit nach oben gestrecktem Hals. Im Flug beide Geschlechter mit weißem Vorderflügel, dazu kontrastierenden schwarzen Flügelspitzen und einfarbig dunklem Bauch und Unterflügeln.
Lebensraum Hauptsächlich flache Gewässer, die sie meist in Trupps durchwaten. Wo in der Nähe Bäume und Büsche stehen, sitzen die Vögel regelmäßig auf den Ästen.
Nest Die Vögel nisten in nackten Baumhöhlen nahe am Wasser. Ebenholz oder Zürgelbaum werden bevorzugt, aber auch Nistkästen werden angenommen. Gelegentlich nisten sie am Boden in der dichten Vegetation.

Männchen und Weibchen sind im Flug und in Ruhe praktisch nicht zu unterscheiden.

Die Rotschnabelpfeifgans wie die anderen Pfeifenten mit aufrechter Körperhaltung, besonders wenn sie beunruhigt oder neugierig ist.

Nahrung Gründelt und taucht nach Samen, Wurzeln und Knollen von Wasserpflanzen. Auch Insekten und Mollusken.
Verbreitung Die nördliche Unterart lebt am Panama-Kanal, in Mexiko und im südwestlichen Texas. Beobachtungen in Arizona und New Mexiko weisen auf eine Arealausweitung hin. Die südliche Unterart in Südamerika bis nach Argentinien.
Wanderung Obwohl sie grundsätzlich Standvögel sind, ziehen einige im Winter aus dem Rand des Verbreitungsgebietes weg.

Beobachtungen			
Datum ______		Datum ______	
Ort ______		Ort ______	
Männchen ___	Weibchen ___	Männchen ___	Weibchen ___
Jungvögel ___	Ruhekleid ___	Jungvögel ___	Ruhekleid ___
Verhalten			

Brautente

Aix sponsa 43–51 cm **Karte 2**

Flügel (**M**)	218–240 mm	**Eifarbe**	weißlich
Flügel (**W**)	211–231 mm	**Gelege**	9–14
Gewicht (**M**)	681 g	**Brutdauer**	31–35 Tage
Gewicht (**W**)	635 g	**Aufzucht**	56–63 Tage

Merkmale Der Erpel wetteifert mit der verwandten Mandarinente um spektakuläre Farben und Muster. Schnabel und Auge leuchtend orangerot im fast schwarzen Kopf mit den kräftig weißen Streifen und dem breiten, geschwungenen, grünschillernden Schopf. Die kastanienbraune Brust ist weiß getüpfelt, die Flanken sind gelbbraun und der Rücken ist schwarzgrün. Der Oberflügel im Flug mit dunkelblauem Spiegel. Das Weibchen ist weniger auffällig, aber mit zartbrauner, beige getüpfelter Unterseite, weißem Augenring, graugrünem Oberkörper und blauem Spiegel auch hübsch.
Lebensraum Kleine Teiche und Flüsse in dicht bewaldetem Gebiet, selten auf größeren freien Wasserflächen. Als echte

Waldbewohner selten weit von Bäumen, die ihnen als Rast- und Nistplatz dienen.

Nest Eine Baumhöhle, oft die eines Helmspechtes, mit Dunen ausgepolstert, die beim Putzen des Gefieders ausfallen und nicht extra ausrupft werden. Der Eingang muß ungefähr 12 cm Durchmesser und die Höhle etwa 60 cm Tiefe haben.

Nahrung Schnattert und gründelt hauptsächlich nach pflanzlicher Nahrung. Beweidet die Ufervegetation.

Verbreitung Brütet auf beiden Seiten der Rocky Mountains und in weiten Teilen des östlichen Nordamerikas. Fehlt in den weiten, baumlosen Steppen und Wüsten des Südwestens.

Wanderung Die Vögel des hohen Nordens ziehen im Winter in den Süden; einige bleiben nördlich von New York State.

Beobachtungen			
Datum ______		Datum ______	
Ort ______		Ort ______	
Männchen ___	Weibchen ___	Männchen ___	Weibchen ___
Jungvögel ___	Ruhekleid ___	Jungvögel ___	Ruhekleid ___
Verhalten			

Amerikanische Pfeifente

Anas americana 45–56 cm **Karte 3**

Flügel (M)	256–275 mm	**Eifarbe**	cremefarben
Flügel (W)	236–256 mm	**Gelege**	8–10
Gewicht (M)	650–1135 g	**Brutdauer**	23 Tage
Gewicht (W)	510– 825 g	**Aufzucht**	45–63 Tage

Merkmale Die amerikanische Art gleicht der verwandten europäischen Art. Anstatt eines goldgelben Scheitelbandes hat der amerikanische Erpel einen gelblich-weißen Scheitel. Der Rest des Kopfes ist graubraun gesprenkelt mit kräftigem, dunkelgrünen Bogenstreif vom Auge zum Nacken. Brust und Rücken sind rötlich beige, der Bauch weiß und das Heck schwarz. Das Weibchen gleicht der europäischen Art noch mehr, mit warmer, brauner Färbung, grauerem Kopf und dem gleichen elegant gerundeten Scheitel und kleinen aufgebogenen Schnabel. Auch im Flug sind sich beide Arten sehr ähnlich: dunkler Spiegel, das Männchen mit weißem Vorderflügel und das Weibchen mit braunem Oberflügel.

Lebensraum Brütet an kleinen Seen und Sümpfen in offenem und leicht bewaldetem Gebiet. Überwintert in Süßwasser.
Nest Dunengepolstertes Bodennest am Rand eines Sees oder auf einer Insel, meist gut im Schilf verborgen.
Nahrung Hauptsächlich pflanzliche Nahrung wird schnatternd oder am Ufer weidend aufgenommen. Oft große Schwärme.
Verbreitung Brütet von Zentral-Alaska östlich bis Maine und südlich über die Rocky Mountains und die Prärie bis in das nordöstliche Kalifornien und das nördliche New Mexiko.
Wanderung Am Ende der Brutzeit zieht die gesamte Population nach Süden, um im milden Klima der Südküste der USA, in Mittelamerika oder in der Karibik zu überwintern.

Beobachtungen

Datum ______		Datum ______	
Ort ______		Ort ______	
Männchen ___	Weibchen ___	Männchen ___	Weibchen ___
Jungvögel ___	Ruhekleid ___	Jungvögel ___	Ruhekleid ___
Verhalten			

Dunkelente

Anas rubripes 56–66 cm **Karte 4**

Flügel (M)	265–301 mm	**Eifarbe**	graugrün
Flügel (W)	245–275 mm	**Gelege**	7–11
Gewicht (M)	905–1730 g	**Brutdauer**	27–33 Tage
Gewicht (W)	850–1330 g	**Aufzucht**	50–56 Tage

Merkmale Für Schwimmenten untypisch, sehen bei Dunkelenten die Geschlechter beinahe identisch aus. Der Geschlechtsdimorphismus beschränkt sich auf die Färbung des Schnabels – gelb beim Männchen, olivgrau beim Weibchen. Beide ähneln der weiblichen Stockente. Das Körpergefieder besteht aus dunkelbraunen, beige gerandeten Federn, der Scheitel ist dunkel und ein dunkler Augenstreif hebt sich von den helleren Kopfseiten ab. Dunkler Oberflügel mit tiefviolettem Spiegel. Der weiße Unterflügel hebt sich deutlich vom dunklen Körper ab. Die Füße sind orange.

Lebensraum Brütet in Süß- und Salzwassersümpfen, oft im Wald. Auch auf kleinen küstennahen Inseln. Überwintert in Mündungen, Sümpfen an der Küste und geschützten Buchten.

Nest Einfache mit Gras, Ästchen und Dunen ausgepolsterte Vertiefung. Als Bodennest zwischen dichten Grasbüscheln, unter Büschen, morschen Baumstümpfen, Reisighaufen oder in Baumhöhlen oder verlassenen Nestern anderer Vögel.
Nahrung Pflanzliche Nahrung wird schnatternd und gründelnd, durchs Wasser watend und an Land weidend gesammelt.
Verbreitung Ganz Nordamerika. Die Vögel brüten im östlichen Kanada von der Hudson Bay bis Neufundland, nach Süden bis zu den großen Seen und die Küste hinab bis North Carolina.
Wanderung Im Winter ziehen die meisten Vögel in die südöstlichen Staaten, nach Florida und an die Golfküste. Sommer- und Winterareal überlappen stark. Vorherrschende Winterente von Neuengland bis Neufundland im Norden.

Beobachtungen			
Datum ______		Datum ______	
Ort ______		Ort ______	
Männchen ___	Weibchen ___	Männchen ___	Weibchen ___
Jungvögel ___	Ruhekleid ___	Jungvögel ___	Ruhekleid ___
Verhalten			

Blauflügelente

Anas discors 37–41 cm **Karte 5**

Flügel (**M**)	186–195 mm	**Eifarbe**	beige
Flügel (**W**)	176–188 mm	**Gelege**	9–13
Gewicht (**M**)	290–499 g	**Brutdauer**	23–24 Tage
Gewicht (**W**)	280–492 g	**Aufzucht**	42 Tage

Merkmale Das amerikanische Äquivalent unserer Knäkente. Der Erpel hat wie bei ihr eine typische Gesichtszeichnung. Der Kopf ist gräulichblau mit einer breiten, weißen, halbmondförmigen Zeichnung vor dem Auge. Das beige Gefieder ist kräftig dunkelbraun getüpfelt, mit einem weißen Fleck an den Flanken. Das Heck ist schwarz. Das Weibchen ähnelt sehr der Krickente, ist aber etwas dunkler, mit deutlicherem Augenstreif und hellem Fleck am Schnabelansatz. Im Flug beide Geschlechter mit blaßblauem Vorderflügel.

Lebensraum Sümpfe und flache Seen mit reichlich Pflanzenbewuchs an der Oberfläche, offenes Land und Küste. Überwintert auf Seen, Lagunen und in Mangrovensümpfen.

Nest Ungeschützes Bodennest. Erst mit Dunen ausgepolstert, wenn einige Eier gelegt worden sind.
Nahrung Hauptsächlich Samen von Gräsern und Wasserlinsen; gründelt selten. Auch Mollusken, Insekten und Krebstiere. Unter Land suchen die scheuen Vögel oft im Schutz der Vegetation in kleinen Trupps nach Nahrung.
Verbreitung Brütet in einem breiten Streifen vom südlichen Alaska und dem St. Lawrence River über das nördliche und gemäßigte Nordamerika bis Nevada, Texas und North Carolina.
Wanderung Sommer- und Winterquartier überlappen sich nur geringfügig. Im Winter in Baja California, an der Golfküste, in Mexiko, der Karibik, in Kolumbien und Venezuela.

Beobachtungen

Datum ____		Datum ____	
Ort ____		Ort ____	
Männchen ____	Weibchen ____	Männchen ____	Weibchen ____
Jungvögel ____	Ruhekleid ____	Jungvögel ____	Ruhekleid ____

Verhalten

Zimtente

Anas cyanoptera 38–43 cm **Karte 6**

Flügel (M)	184–197 mm	**Eifarbe**	hellbeige
Flügel (W)	170–187 mm	**Gelege**	9
Gewicht (M)	?	**Brutdauer**	?
Gewicht (W)	?	**Aufzucht**	?

Merkmale Das Männchen ist an Kopf, Nacken, Brust und Unterseite zimtbraun, die Oberseite ist braun mit beiger Zeichnung. Selbst aus der Nähe gleicht das Weibchen dem der Blauflügelente. Es hat das gleiche, kräftig braun getüpfelte, beige Gefieder, jedoch mit einem weniger deutlichen hellen Fleck am Schnabelansatz. Beide Geschlechter haben wie die Blauflügelente einen hellblauen Vorderflügel.

Lebensraum Flache Sümpfe und die Ränder von Tümpeln in offenem Gelände und Bergland. In den westlichen USA eine

einzige Unterart, in Südamerika vier weitere Unterarten vom Tiefland bis zu den Seen im Hochland der Anden.

Nest In der Bodendeckung verborgen, meist nahe am Wasser.

Nahrung Hauptsächlich Samen und Pflanzensprosse, aber auch kleine Mollusken und Insekten. Die Nahrung wird an der Wasseroberfläche herausgeschnattert. Wie bei der Löffelente wird sie mit Hilfe der gut entwickelten Lamellen an den Schnabelrändern aus dem Wasser herausgesiebt.

Verbreitung Die Zimtente brütet im westlichen Nordamerika vom südlichen Britisch Columbia über Washington und Montana bis Kalifornien und Mexiko im Süden.

Wanderung Im Süden brütende Vögel sind Standvögel; die weiter im Norden brütenden ziehen im Frühherbst in ihre Winterquartiere nach Kalifornien und Mexiko.

Beobachtungen

Datum ______		Datum ______	
Ort ______		Ort ______	
Männchen ___	Weibchen ___	Männchen ___	Weibchen ___
Jungvögel ___	Ruhekleid ___	Jungvögel ___	Ruhekleid ___

Verhalten

Riesentafelente

Aythya valisineria 50–58 cm **Karte 7**

Flügel (M)	229–248 mm	**Eifarbe**	olivgrau
Flügel (W)	221–234 mm	**Gelege**	10
Gewicht (M)	850–1600 g	**Brutdauer**	23–29 Tage
Gewicht (W)	950–1390 g	**Aufzucht**	60–70 Tage

Merkmale Sehr große Tauchente. Der Erpel ist ein großer Vogel mit rostrotem Kopf. Brust und Heck sind schwarz und der Rücken gräulich weiß. Der lange Hals und der kräftige Schnabel unterscheiden ihn von der ähnlich gezeichneten Rotkopfente, der Tafelente, der Bergente und der Veilchenente. Die zum Schnabel hin abfallende Stirn gibt dem Kopf das charakteristische keilförmige Profil. Das Weibchen ähnelt stark der weiblichen Rotkopfente, obwohl die Kopfform charakteristisch ist.
Lebensraum Brütet in Präriesümpfen und auf flachen Seen mit üppiger Ufervegetation. Überwintert auf offenen Seen, auf küstennahen Lagunen, Mündungen und Buchten.

Nest Plattform aus Wasserpflanzen in der Ufervegetation, oft im flachen Wasser. Wird sie überschwemmt, fügt das Weibchen Pflanzen hinzu, um das Niveau des Nestes zu heben.
Nahrung Hauptsächlich Samen, Blätter und Knollen von Wasserpflanzen, aber auch tierische Nahrung. Morgens und Abends tauchen und gründeln sie in kleinen Trupps. Den Tag verbringen sie ruhend und schlafend auf offenem Wasser.
Verbreitung Die Art brütet in weiten Teilen Nordamerikas, von Alaska nach Süden über Nordwest-Kanada, die östlichen Rocky Mountains und Prärien bis Iowa.
Wanderung Nach der Brutzeit zieht die gesamte Population an die Küste von British Columbia bis Baja California und von Mexiko um die Ostküste bis Cape Cod.

Beobachtungen			
Datum ____		Datum ____	
Ort ____		Ort ____	
Männchen ____	Weibchen ____	Männchen ____	Weibchen ____
Jungvögel ____	Ruhekleid ____	Jungvögel ____	Ruhekleid ____
Verhalten			

Rotkopfente

Aythya americana 50–52 cm **Karte 8**

Flügel (M)	231–240 mm	**Eifarbe**	cremeweiß
Flügel (W)	210–230 mm	**Gelege**	9
Gewicht (M)	900–1400 g	**Brutdauer**	23–29 Tage
Gewicht (W)	900– 990 g	**Aufzucht**	60–65 Tage

Merkmale Der Erpel mit kastanienbraunem Kopf und Hals, schwarz schillernder Brust, grauem Rücken und Flanken. Noch zwei amerikanische Tauchenten haben kastanienbraune Köpfe – die Riesentafelente, deren Verbreitungsgebiet mit dem der Rotkopfente überlappt, und die seltene Tafelente, die nur wenige Male auf den Aleuten beobachtet wurde. Die Rotkopfente ist an ihrem gerundeten Kopf und der steilen Stirn zu erkennen – ganz anders als das flachere Profil der Tafelente oder das keilförmige der Riesentafelente. Graubraunes Weibchen mit hellerer Kehle und Hals. Beide Geschlechter haben silber- oder blaugraue Schnäbel mit schwarzer Spitze.
Lebensraum Brütet auf flachen Seen und Sümpfen im offenen Land. Überwintert hauptsächlich an der Küste, auf Brackwasser-Lagunen, geschützten Buchten und Marschland.

Nest Einige Weibchen bauen Nester in der Ufervegetation, andere legen ihre Eier in fremde Nester, manche sind obligatorische Brutparasiten.
Nahrung Taucht und schnattert nach pflanzlicher und tierischer Nahrung. Die Vögel sind morgens und abends aktiv; untertags ruhen sie auf offenem Wasser von Seen oder Meer.
Verbreitung Brütet in einem großen Gebiet in der Mitte und im Westen Nordamerikas von Kalifornien nach Norden bis zum Great Slave Lake und nach Osten bis Minnesota. Seit den 50er Jahren auch in Alaska eine Brutpopulation.
Wanderung Die Vögel überwintern im Süden und Osten von Kalifornien über die Golfküste bis Cape Cod im Norden auf Salzseen, salzigen Sümpfen und an der Küste.

Beobachtungen			
Datum ______		Datum ______	
Ort ______		Ort ______	
Männchen ___	Weibchen ___	Männchen ___	Weibchen ___
Jungvögel ___	Ruhekleid ___	Jungvögel ___	Ruhekleid ___
Verhalten			

Halsringente

Aythya collaris 37–46 cm **Karte 9**

Flügel (M)	194–206 mm	**Eifarbe**	oliv
Flügel (W)	185–201 mm	**Gelege**	6–14
Gewicht (M)	681–937 g	**Brutdauer**	25–29 Tage
Gewicht (W)	511–879 g	**Aufzucht**	49–55 Tage

Merkmale Der Erpel ist vorwiegend schwarz-weiß. Aus der Nähe schillern Kopf und Hals violett, die Brust grün. Rücken und Heck sind schwarz, die hellgrauen Flanken sind durch ein kräftiges, halbmondförmiges weißes Feld von der dunklen Brust abgesetzt. Von der recht ähnlichen Reiherente durch den hohen Scheitel, den Streifen auf dem stahlgrauen Schnabel und den weißen, keilförmigen Streifen am Unterflügel zu unterscheiden. Das Weibchen hat den gleichen eckigen Kopf sowie einen hellen Augenring und -streif. Im Flug beide Geschlechter mit grauem Flügelhinterrand.

Lebensraum Brütet auf Sümpfen und auf sehr flachen Seen und Teichen im offenen Tiefland. Überwintert meist auf Süßwasserseen, aber auch stellenweise auf Buchten und Lagunen.

Nest Die ersten Eier werden ungeschützt in eine Mulde gelegt. Danach wird Gras und ein Dunenpolster hinzugefügt.
Nahrung Hauptsächlich Samen, Laichkraut und Knollen von Wasserpflanzen, die sie herausschnattert; gründelt selten. Insektenlarven, Mollusken, Würmer und Krebstiere können bis zu einem Fünftel der Nahrung ausmachen.
Verbreitung Halsringenten brüten quer über das nördliche und gemäßigte Kanada, fehlen aber in den Prärien. In den USA in Dakota, Minnesota, Wisconsin und Maine. Seit 1960 brütet die Halsringente auch in Alaska.
Wanderung Die Vögel überwintern außer im Nordosten entlang der ganzen US-Küste, in Mexiko und in der Karibik. Als Irrgäste in Großbritannien und einigen anderen europäischen Ländern, auch auf Hawaii und in Venezuela.

Beobachtungen			
Datum ____		Datum ____	
Ort ____		Ort ____	
Männchen ____	Weibchen ____	Männchen ____	Weibchen ____
Jungvögel ____	Ruhekleid ____	Jungvögel ____	Ruhekleid ____
Verhalten			

Veilchenente

Aythya affinis 42–47 cm **Karte 10**

Flügel (M)	194–208 mm	**Eifarbe**	olivbeige
Flügel (W)	191–202 mm	**Gelege**	9–11
Gewicht (M)	620–1050 g	**Brutdauer**	21–22 Tage
Gewicht (W)	540–960 g	**Aufzucht**	47–54 Tage

Merkmale Wenig kleiner als die eng verwandte Bergente, von der sie nur feine Details unterscheiden. Kopf, Hals und Brust des Erpels sind schwarzviolett. Das Heck ist schwarz, Flanken und Rücken grau. Das etwas kleinere Weibchen ist braun mit gestreiften Flanken und weißem Gesicht. Am besten aus nächster Nähe durch die kleine, am Hinterende des Scheitels zusammenlaufende Haube zu erkennen. Bei der Bergente liegt der höchste Punkt des Kopfes weiter vorne. Die im Flug sichtbare weiße Flügelbande wird nach außen grauer und wirkt wie ein weißer Spiegel, bei der Bergente ist sie bis zur Flügelspitze weiß.
Lebensraum Sümpfe, Süßwassertümpel und Seen der Tundra und der nördlichen Prärien. Überwintert auf den Seen des Tieflandes, Lagunen, Buchten und Mündungen.

Nest Eine einfache Mulde in der Vegetation, gewöhnlich in Wassernähe. Die Eier werden auf eine Unterlage aus Gras gelegt. Wenn ihre Zahl zunimmt, werden Dunen hinzugefügt.
Nahrung Hauptsächlich Kleinkrebse, die heraufgetaucht werden. Die Veilchenente zeigt eine große Vorliebe für Süßwasserhabitate und geringe Wassertiefen.
Verbreitung Von Alaska über das nördliche Kanada bis zur Hudson Bay und nach Süden bis Michigan, Dakota und Montana.
Wanderung Die Vögel überwintern in einem breiten Streifen über den Süden der USA, Mexiko, Mittelamerika, bis in die Karibik und nach Venezuela.

Beobachtungen			
Datum ______		Datum ______	
Ort ______		Ort ______	
Männchen ____	Weibchen ____	Männchen ____	Weibchen ____
Jungvögel ____	Ruhekleid ____	Jungvögel ____	Ruhekleid ____
Verhalten			

Plüschkopfente

Somateria fischeri 52–57 cm **Karte 24**

Flügel (M)	225–280 mm	**Eifarbe**	olivgrau
Flügel (W)	233–280 mm	**Gelege**	5–6
Gewicht (M)	1500–1850 g	**Brutdauer**	?
Gewicht (W)	1400–1850 g	**Aufzucht**	?

Merkmale Der Plüschkopfentenerpel ist ebenso unverwechselbar wie die anderen drei Eiderenten. Die Bestimmung ist leicht, zumal die Ente geographisch sehr eingeschränkt ist. Das Männchen mit schiefergrauer Unterseite und weißem Oberkörper. Der Kopf mit einem schwarzgerandeten, großen weißen Augenfleck und herabhängenden, hellgrünen Federn, die Scheitel und Nakken bedecken. Der orange Schnabel ist ebenfalls zum Teil mit hellgrünen, weiß auslaufenden Federn bedeckt. Weibchen und Jungvögel sind rötlichbraun mit auffälliger, dunkler Streifung und graublauen Schnäbeln.

Lebensraum Brütet in küstennaher Tundra und an Tümpeln und Wasserläufen bis zu 120 km ins Binnenland hinein. Wahrscheinlich überwintert sie entlang der Packeisgrenze.
Nest Ein großer Grashaufen, meist auf einem Graskissen oder einer Bodenerhebung nahe dem Wasser. Erst völlig schutzlos, später von der Vegetation abgeschirmt.
Nahrung Im Sommer überwiegend Insekten und deren Larven; im Winter tauchen die Vögel nach Mollusken.
Verbreitung Brutgebiete sind der Küstenstreifen auf beiden Seiten des Yukondeltas in Alaska, die sibirische Küste zwischen den Mündungen des Kolyma und des Indigirka.
Wanderung Wahrscheinlich ziehen die Vögel in die flacheren Gewässer der Beringsee, vielleicht auch nach Kamtschatka.

Beobachtungen			
Datum ______		Datum ______	
Ort ______		Ort ______	
Männchen ___	Weibchen ___	Männchen ___	Weibchen ___
Jungvögel ___	Ruhekleid ___	Jungvögel ___	Ruhekleid ___
Verhalten			

Brillenente

Melanitta perspicillata 45–56 cm **Karte 11**

Flügel (M)	238–256 mm	**Eifarbe**	cremefarben
Flügel (W)	223–235 mm	**Gelege**	5–7
Gewicht (M)	652–1134 g	**Brutdauer**	?
Gewicht (W)	680–992 g	**Aufzucht**	?

Merkmale Das Männchen ist außer der kräftigen weißen Flekken an Stirn und Nacken vollkommen schwarz. Der Schnabel ist mosaikartig weiß, rot, gelb und schwarz gemustert. Diese Merkmale machen den Vogel aus der Nähe unverwechselbar. Im Gegensatz zur Samtente kein Weiß im Flügel. Im Flug gleicht sie sehr der Trauerente, aber sie schlägt viel langsamer mit den Flügeln. Das Weibchen ist dunkelbraun mit hellen Flecken im Gesicht und könnte deshalb mit den Weibchen von Samt- oder Kragenente verwechselt werden. Man kann es aber durch das lange gerade eiderähnliche Kopf- und Schnabelprofil unterscheiden.

Lebensraum Im Sommer an Seen, Tümpeln und Flußufern in wenig bewaldetem Gebiet. Den Winter verbringt sie an der Küste, besonders in flachen Buchten und Mündungen.
Nest Aus Gras und Dunen, gut versteckt im langen Gras oder im Gebüsch; oft mit etwas Abstand zum Wasser.
Nahrung Im Sommer Insekten und pflanzliche Nahrung, im Winter ernähren sich die Vögel auf See von Mollusken, Krebstieren und Fischeiern, wenn es sie im Überfluß gibt.
Verbreitung Brütet in einem breiten Streifen über den hohen Norden, vom westlichen und nördlichen Alaska bis zur Hudson Bay und in Labrador.
Wanderung Zieht im Winter vom Binnenland an die Küste. Von den Aleuten bis Baja Californa an der Westküste und von Nova Scotia bis South Carolina im Osten.

Beobachtungen			
Datum ______		Datum ______	
Ort ______		Ort ______	
Männchen ___	Weibchen ___	Männchen ___	Weibchen ___
Jungvögel ___	Ruhekleid ___	Jungvögel ___	Ruhekleid ___
Verhalten			

Büffelkopfente

Bucephala albeola 32–39 cm **Karte 12**

Flügel (M)	169–179 mm	**Eifarbe**	cremefarben
Flügel (W)	151–161 mm	**Gelege**	6–11
Gewicht (M)	270–600 g	**Brutdauer**	29–31 Tage
Gewicht (W)	230–470 g	**Aufzucht**	50–55 Tage

Merkmale Ähnelt einer kleinen Schellente. Taucht gut, schwimmt hoch im Wasser liegend und fliegt mit schnellem Flügelschlag. Der Erpel mit schwarzem Oberkörper und weißer Unterseite; ein breiter weißer Fleck zieht sich von einem Auge zum anderen über den Hinterkopf. Oft schimmert der Kopf violett oder bronzen. Das Weibchen ist oben dunkelbraun, unten beige gestreift, mit kräftigem geschwungenen Wangenfleck. Im Flug fallen der weiße Spiegel des Weibchens und die weißen Innenflügel des Männchens auf.
Lebensraum Kleine Tümpel, Seen und Bäche im Mischwaldgürtel südlich der Tundra. Überwintert auf großen Süßwasserseen im Binnenland und in Buchten und Mündungen der Küste.

Nest Eine Baumhöhle, immer in Wassernähe, wird oft mehrere Jahre hintereinander benützt. Gewöhnlich Löcher des Goldspechtes. Nachdem die ersten Eier gelegt sind, wird eine dünne Auskleidung aus Dunen hinzugefügt.
Nahrung Im Sommer Insekten und Larven sowie einige Samen und Pflanzensprosse. Im Winter Mollusken und Krebstiere.
Verbreitung Von Alaska nach Osten über Kanada bis Quebec und nach Süden zur US-Grenze. Weiter im Süden brütet die Büffelkopfente nur stellenweise im Westen der USA.
Wanderung Überwintert an der Küste; im Westen von den Aleuten bis Baja California, über Mexiko und die Golf Küste und im Osten von Nova Scotia bis Florida. Überwinternde Vögel werden auch im Inland gefunden, in einem Streifen, der sich von den Großen Seen bis nach Louisiana zieht.

Beobachtungen			
Datum ______		Datum ______	
Ort ______		Ort ______	
Männchen ____	Weibchen ____	Männchen ____	Weibchen ____
Jungvögel ____	Ruhekleid ____	Jungvögel ____	Ruhekleid ____
Verhalten			

Spatelente

Bucephala islandica 42–53 cm **Karte 13**

Flügel (M)	229–248 mm	**Eifarbe**	blaugrün
Flügel (W)	211–221 mm	**Gelege**	8–11
Gewicht (M)	1191–1304 g	**Brutdauer**	28–30 Tage
Gewicht (W)	737–907 g	**Aufzucht**	?

Merkmale Gleicht der eng verwandten Schellente, mit drei wesentlichen Unterschieden: der Kopf der Spatelente hat mehr einen Violett- als einen Grünschimmer, der weiße Wangenfleck ist eher halbmondförmig als rund und die Rückenzeichnung ist schwärzer als bei der Schellente. Auch im Flug ist die Spatelente durchgehend dunkler. Schwieriger ist das Weibchen zu bestimmen. Die Stirn ist beinahe senkrecht und der Kopf gerundet, ansonsten ist sie mit der weiblichen Schellente identisch.
Lebensraum Im Sommer klare, stille Seen, schnelle Wasserläufe und Sturzbäche. Im Winter an eisfreien Flüssen und Seen, Mündungen und in Küstengewässern.

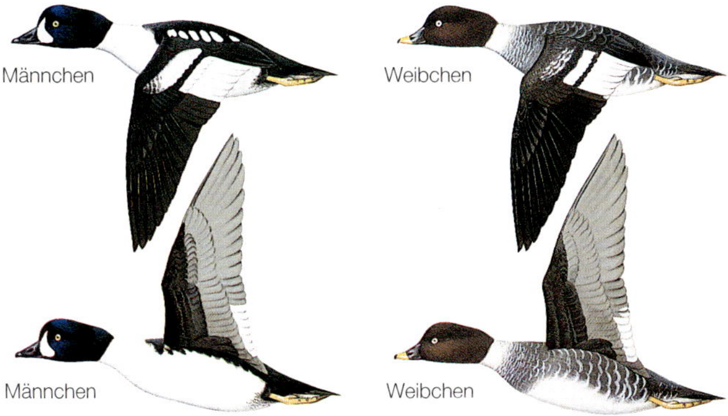

Nest Baumhöhlen, gewöhnlich von Helmspecht oder Goldspecht, beinahe immer in Wassernähe. In Island und anderen großen baumlosen Gegenden nisten die Vögel zwischen der Bodenvegetation oder in Felsnischen.
Nahrung Im Sommer vorwiegend Insekten und Larven, besonders Köcherfliegen- und Libellenlarven, sowie Mollusken und die Samen und Blätter von Laichkraut. Im Winter hauptsächlich Mollusken und Krebstiere.
Verbreitung Das südliche Alaska bis nach Washington State und vereinzelt weiter südlich. Weit davon entfernt in Labrador und im südwestlichen Grönland und Island.
Wanderung Zieht nie weiter als bis zur nächsten eisfreien Küste und wird deshalb selten als Zugvogel beobachtet.

Beobachtungen			
Datum ______		Datum ______	
Ort ______		Ort ______	
Männchen ___	Weibchen ___	Männchen ___	Weibchen ___
Jungvögel ___	Ruhekleid ___	Jungvögel ___	Ruhekleid ___
Verhalten			

Kappensäger

Mergus cucullatus 42–50 cm **Karte 14**

Flügel (M)	193–202 mm	**Eifarbe**	weiß
Flügel (W)	184–198 mm	**Gelege**	8–12
Gewicht (M)	595–879 g	**Brutdauer**	29–37 Tage
Gewicht (W)	453–652 g	**Aufzucht**	71 Tage

Merkmale Kleinster amerikanischer Säger. Hat seinen Namen von der großen schwarz-weißen, fächerförmigen Haube des Erpels. Dieser ist oben schwarz, unten zimtbraun, mit weißer Brust, leuchtend gelben Augen und dünnem schwarzen Schnabel. Mit aufgerichteter Haube wirkt der Kopf groß mit schwarzgesäumten, weißen Seiten, mit angelegter Haube erscheint er rechteckig und schwarz, mit einem weißem Fleck an der Seite. Das Weibchen ist unten graubraun und oben grau, die hellbraune Haube ist weniger auffällig. Im Flug beide Geschlechter mit schmaler, weißer Querbinde am Innenflügel. Säger mit dunklen Flügeln sind meist Kappensäger.

Lebensraum Brütet auf kleinen Teichen, Sümpfen und aufgestauten Wasserflächen im Wald. Im Winter in ähnlichen Habitaten und auf ruhigen Mündungen, Lagunen und Mangroven.
Nest Eine dunengepolsterte Baumhöhle, meist im oder in der Nähe des Wassers; oft alte, morsche Spechthöhlen. Wo Nistplätze knapp sind oft von mehreren Enten benützt.
Nahrung Besteht zu 60 % aus Krebsen und Wasserinsekten, der Rest aus kleinen Fischen; alles wird tauchend aufgenommen.
Verbreitung British Columbia bis Washington im Westen und im Osten von Manitoba und Nova Scotia bis nach Louisiana im Süden. Immer in bewaldetem Gebiet; fehlt in Prärien.
Wanderung Während die westliche Population hauptsächlich an der Küste überwintert, ziehen die östlichen Vögel nach Süden zur Golfküste, nach Florida und Louisiana.

Beobachtungen			
Datum ____		Datum ____	
Ort ____		Ort ____	
Männchen ____	Weibchen ____	Männchen ____	Weibchen ____
Jungvögel ____	Ruhekleid ____	Jungvögel ____	Ruhekleid ____
Verhalten			

Maskenente

Oxyura dominica 33–39 cm **Karte 15**

Flügel (M)	142–148 mm	**Eifarbe**	beige
Flügel (W)	136–148 mm	**Gelege**	4–8
Gewicht (M)	323–395 g	**Brutdauer**	?
Gewicht (W)	345–391 g	**Aufzucht**	?

Merkmale Gehört zu den Steifschwanzenten des tropischen Amerikas, die sich in den letzten 100 Jahren in Nordamerika ausgebreitet haben. Der Erpel hat eine deutliche schwarze Maske, die Gesicht und Scheitel ganz bedeckt. Hals und Körper sind kastanienbraun, Rücken und Flanken kräftig schwarz getüpfelt. Großer, leuchtend blauer Schnabel mit schwarzer Spitze und ausgeprägtem Nagel. Das Weibchen ist oben dunkelbraun mit beiger Zeichnung, unten hellbeige mit dunkelbraunen Sprenkeln. Der Scheitel ist dunkelbraun und das helle Gesicht kreuzen zwei dunkle Streifen, einer durch das Auge, der andere durch die Wange.

Lebensraum Sümpfe und Feuchtgebiete, in denen sich sehr dichter Pflanzenbewuchs und freie Wasserflächen abwechseln. Lebt scheu und heimlich; schwierig zu beobachten.
Nest Eine kleine Mulde aus Gräsern, oft im Schilf aber auch oft in Reisfeldern.
Nahrung Taucht vorwiegend nach Wasserpflanzen.
Verbreitung Tropisches, nördliches Südamerika. Von Argentinien über Mittelamerika, die Karibik und Mexiko nach Norden und seit 1870 im südwestlichen Texas.
Wanderung Standvogel, wie die meisten tropischen Arten. Manchmal ziehen dennoch einige Vögel. Irrgäste wurden bis Wisconsin, Massachusetts und Vermont im Norden und bis North Carolina im Osten beobachtet.

Beobachtungen			
Datum ______		Datum ______	
Ort ______		Ort ______	
Männchen ___	Weibchen ___	Männchen ___	Weibchen ___
Jungvögel ___	Ruhekleid ___	Jungvögel ___	Ruhekleid ___
Verhalten			

Sichelente

Anas falcata 48–54 cm **Karte 48**

Flügel (**M**)	253–264 mm	**Eifarbe**	gelblich
Flügel (**W**)	237–249 mm	**Gelege**	8
Gewicht (**M**)	590–770 g	**Brutdauer**	24 Tage
Gewicht (**W**)	442–700 g	**Aufzucht**	?

Merkmale Das Männchen ist eine der hübschesten Enten der Gattung Anas und scheint auf den ersten Blick eher mit der Mandarinente und der Brautente verwandt zu sein. Der dunkle Kopf ist kräftig violett und grün schillernd, mit weißer Kehle, schwarzem Halsband und langen herabhängenden Hinterkopffedern. Der Körper ist fein grau gezeichnet und die stark verlängerten, sichelförmigen, schwarz-weißen Armschwingen reichen über das schwarz-gelb gefärbte Heck. Das braun und beige getüpfelte Weibchen gleicht den anderen Schwimmenten. Es hat wie das Männchen eine Haube, die den Kopf größer erscheinen läßt.

Lebensraum Brütet auf feuchten Wiesen und Seen in offenem und leicht bewaldetem Gebiet. Im Winter meist auf überfluteten Wiesen, aber auch auf Flüssen, Lagunen und Mündungen.
Nest Gewöhnlich in der Nähe des Wassers, zwischen Sumpfgrasbüscheln oder im Schutz niedriger Büsche.
Nahrung Hauptsächlich vegetarisch, schnattert und gründelt nach Wasserpflanzen und beweidet die Ufervegetation.
Verbreitung Brütet im östlichen Sibirien und Japan. Brutnachweise kommen bis vom Yenesei im Westen und bis aus Kamtschatka im Osten, aber es gibt keine genauen Informationen.
Wanderung Zugvögel, die von Japan und Korea über weite Teile Chinas bis Zentralvietnam und westlich davon in kleiner Anzahl im nordöstlichen Indien überwintern.

Beobachtungen			
Datum ____		Datum ____	
Ort ____		Ort ____	
Männchen ____	Weibchen ____	Männchen ____	Weibchen ____
Jungvögel ____	Ruhekleid ____	Jungvögel ____	Ruhekleid ____
Verhalten			

Gluckente

Anas formosa 34–36 cm **Karte 49**

Flügel (M)	200–220 mm	**Eifarbe**	graugrün
Flügel (W)	180–210 mm	**Gelege**	6–9
Gewicht (M)	500–600 g	**Brutdauer**	?
Gewicht (W)	500–600 g	**Aufzucht**	?

Merkmale Die neuen Kopffedern des Gluckentenerpels sind beige gerandet, was ihre Farben dämpft. Bald jedoch prägt sich ein kräftiges grün und golden gefärbtes Gesicht mit schwarz-weißen Begrenzungslinien aus. Die Brust ist beige mit dunkler Zeichnung und die Flanken sind grau. Lange, schwarz-gelb-beige Federn fallen über den Rücken. Das Weibchen ähnelt sehr den anderen Enten der Gattung Anas, kann aber leicht durch die einmalige Gesichtszeichnung bestimmt werden. Je ein dunkler Streifen läuft horizontal und vertikal durch das Auge und bildet ein Kreuz.

Lebensraum Brütet auf Tümpeln der Wälder im Norden

Gedämpfte Farben des neuen Gefieders des Männchens

Männchen im Schlichtkleid dem Weibchen sehr ähnlich

(Taiga), in Sümpfen und Flußdeltas am Rand der Tundra. Überwintert in Süß- und Brackwasserhabitaten des Tieflands.

Nest Bodennest aus Gras, gewöhnlich nahe am Wasser und bedeckt von Gebüsch. Nach Beginn der Bebrütung wird eine Dunenauskleidung hinzugefügt.

Nahrung Vegetarisch. Die Vögel erschnattern die Nahrung hauptsächlich, weiden auch auf Feldern und Stoppelfeldern.

Verbreitung Das Brutgebiet zieht sich in einem großen Bogen über Nordost-Sibirien vom Angara östlich bis Kamtschatka und von der Arktisküste südlich bis zum Baikalsee.

Wanderung Am Ende der kurzen Brutzeit ziehen die Vögel nach Süden, um in Japan, Südost-China und Formosa zu überwintern.

Beobachtungen

Datum ______ Datum ______

Ort ______ Ort ______

Männchen ___ Weibchen ___ Männchen ___ Weibchen ___

Jungvögel ___ Ruhekleid ___ Jungvögel ___ Ruhekleid ___

Verhalten

Fleckschnabelente

Anas poecilorhyncha 58–63 cm **Karte 50**

Flügel (M)	256–293 mm	**Eifarbe**	beigegrau
Flügel (W)	240–265 mm	**Gelege**	6–12
Gewicht (M)	1230–1500 g	**Brutdauer**	24 Tage
Gewicht (W)	790–1360 g	**Aufzucht**	?

Merkmale Von den drei Fleckschnabelenten ist die chinesische *A.p. zonorhyncha* (abgebildet) die nördlichste Unterart. Die anderen stammen aus Indien und Burma. Die chinesische Fleckschnabelente ist deutlich dunkler als die anderen Unterarten und ihr fehlt der weiße Streifen am Hinterrand des Spiegels. Der Spiegel dieser Unterart ist blau, der der anderen grün. Beide Geschlechter ähneln wegen ihres braun und beige gefleckten Gefieders, ihrer dunklen Kappe und dem Augenstreif einer plumpen Stockente. Der schwarze Schnabel hat eine leuchtend gelbe Spitze. Die südlichen Unterarten haben zwei rote Flecken (daher der Name) am Schnabelansatz.

Oben: Die viel hellere, grauere indische Unterart *(A.p. poecilorhyncha)* mit den typischen roten Flecken am Schnabelansatz.
Unten: Die chinesische Fleckschnabelente.

Lebensraum Flache Seen und Sümpfe; auch Reisfelder.
Nest Ein flaches Nest aus Wasserpflanzen, in Sümpfen oder versteckt am Ufer in der Nähe des Wasser.
Nahrung Vegetarisch. Schnattert, gründelt und watet durch die Oberflächenvegetation im Seichten. Frißt morgens und abends oft in kleinen Trupps oder Familienverbänden.
Verbreitung Die südlichen Unterarten bewohnen Indien und Bangladesch ostwärts bis Burma, Thailand, Laos und Vietnam. Die chinesische bewohnt weite Teile des südlichen und östlichen China sowie angrenzendes Sibirien, Korea und Japan.
Wanderung Die im Norden überwinternden Brutpopulationen ziehen im Winter nach Süd- und Ostchina. Im südlichen Verbreitungsraum Standvogel.

Beobachtungen			
Datum ______		Datum ______	
Ort ______		Ort ______	
Männchen ___	Weibchen ___	Männchen ___	Weibchen ___
Jungvögel ___	Ruhekleid ___	Jungvögel ___	Ruhekleid ___
Verhalten			

Schwarzkopf-Moorente

Aythya baeri 41–46 cm **Karte 51**

Flügel (M)	210–233 mm	**Eifarbe**	gelblich-grau
Flügel (W)	186–203 mm	**Gelege**	10
Gewicht (M)	?	**Brutdauer**	?
Gewicht (W)	?	**Aufzucht**	?

Merkmale Auf dem Wasser gleicht die Schwarzkopf-Moorente stark der Moorente, mit der sie im Winter in Ostasien oder beim Zug vergesellschaftet sein kann. Der Erpel hat einen schwarzen Kopf mit grünmetallischem Glanz, die Oberseite ist dunkelbraun, Brust und Flanken sind kastanienbraun mit einem weißen Fleck am Heck und weißem Bauch. Das Weibchen ist ähnlich gefärbt, aber der metallische Glanz am Kopf fehlt. Es hat einen braunen Fleck seitlich am Schnabelansatz. Der große Schnabel ist bei beiden Geschlechtern grau-blau. Ein nützliches Bestimmungsmerkmal ist der gerundete Kopf ohne den auffällig hohen Scheitel der Moorente.

Lebensraum Im Sommer offenes Gelände mit zahlreichen Seen mit Oberflächenvegetation. Den Winter verbringt sie auf Süßwasserseen, langsam fließenden Flüssen und Sümpfen.
Nest Nahezu unbekannt, aber der Vogel hat wahrscheinlich ein Bodennest in der Ufervegetation.
Nahrung Unbekannt, ernährt sich wohl hauptsächlich tauchend.
Verbreitung Das Brutgebiet beschränkt sich auf die östliche UdSSR in den Mündungsgebieten des Ussurij und des Amur, in der Khanka-Ebene und an den Seen der Poset-Region.
Wanderung Hauptüberwinterungsgebiete liegen in China um den Golf von Chihli im Süden bis zum Yangtze und in der Provinz Fukien. Auch in Assam, Bangladesch und Burma, seltener in Japan und Korea überwinternde Populationen.

Beobachtungen			
Datum ______		Datum ______	
Ort ______		Ort ______	
Männchen ____	Weibchen ____	Männchen ____	Weibchen ____
Jungvögel ____	Ruhekleid ____	Jungvögel ____	Ruhekleid ____
Verhalten			

Schuppensäger

Mergus squamatus 52–62 cm **Karte 52**

Flügel (M)	250–265 mm	**Eifarbe**	?
Flügel (W)	240–250 mm	**Gelege**	?
Gewicht (M)	?	**Brutdauer**	?
Gewicht (W)	?	**Aufzucht**	?

Merkmale Der Schuppensäger ist einer der seltensten und am wenigsten bekannten Säger. Er steht dem Mittelsäger systematisch sehr nahe und beide Geschlechter haben große Ähnlichkeit mit dieser Art. Erpel mit grünschwarz schillerndem Kopf und Hals und langer, struppiger Haube. Vom Mittelsäger unterscheidet er sich am besten durch die einfarbig weiße Brust und die schuppenartige schwarze Zeichnung an den Flanken (daher der Name). Das Weibchen hat einen braunen Kopf, einen hellgrauen Rücken und eine schwächere Schuppenzeichnung an den Flanken.

Lebensraum Brütet an kleinen, schnellfließenden Flüssen in bewaldetem Bergland und überwintert auf offenen Seen und größeren Flüssen. Im Winter wandern die Vögel ein wenig flußabwärts, bleiben aber nicht an der Küste.
Nest Die Eier werden in die Höhlen morscher oder umgestürzter Bäume in Wassernähe oder über dem Wasser gelegt.
Nahrung Tauchen in reißendem Wasser und Strudeln wahrscheinlich hauptsächlich nach Fischen. Details unbekannt.
Verbreitung Die Art lebt in der südöstlichen UdSSR und der nordöstlichen Mandschurei, konzentriert auf den Amur.
Wanderung Abgesehen von kurzen Wanderungen flußabwärts im Winter ein Standvogel. In strengen Wintern wurden Irrgäste im Süden bis nach Nord-Vietnam registriert.

Beobachtungen			
Datum ______		Datum ______	
Ort ______		Ort ______	
Männchen ___	Weibchen ___	Männchen ___	Weibchen ___
Jungvögel ___	Ruhekleid ___	Jungvögel ___	Ruhekleid ___
Verhalten			

Verbreitungskarten

Die folgenden Karten zeigen die geographische Verbreitung der 52 Entenarten. Die Brutgebiete sind rot, die Winterquartiere blau eingezeichnet.

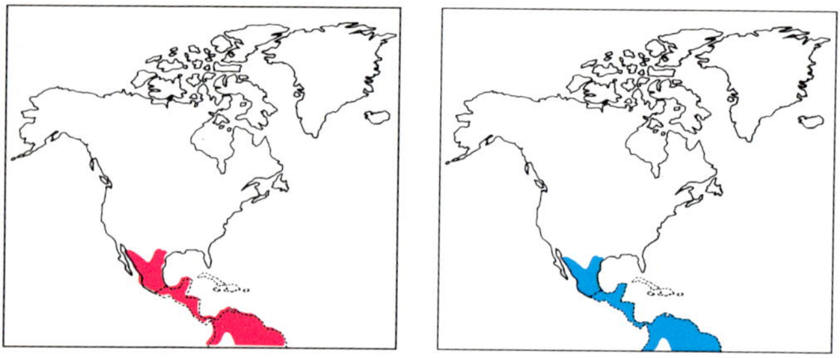

Karte 1 Rotschnabelpfeifgans *Dendrocygna autumnalis*

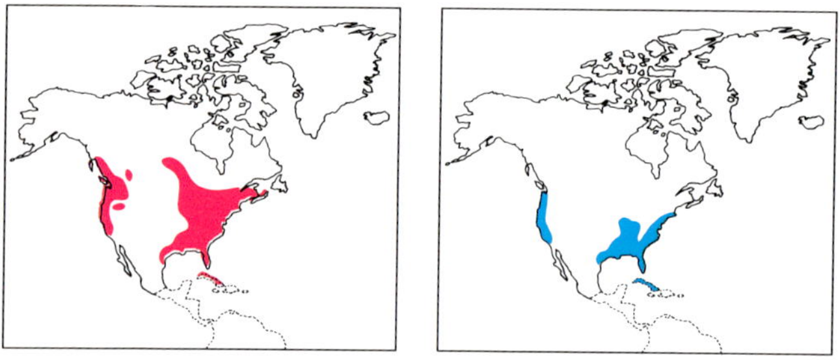

Karte 2 Brautente *Aix sponsa*

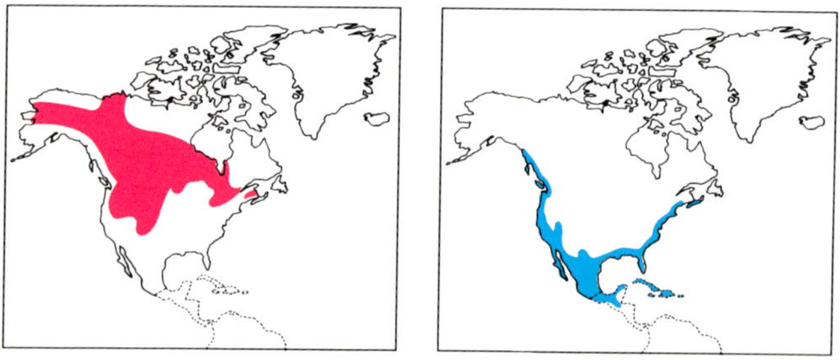

Karte 3 Nordamerikanische Pfeifente *Anas americana*

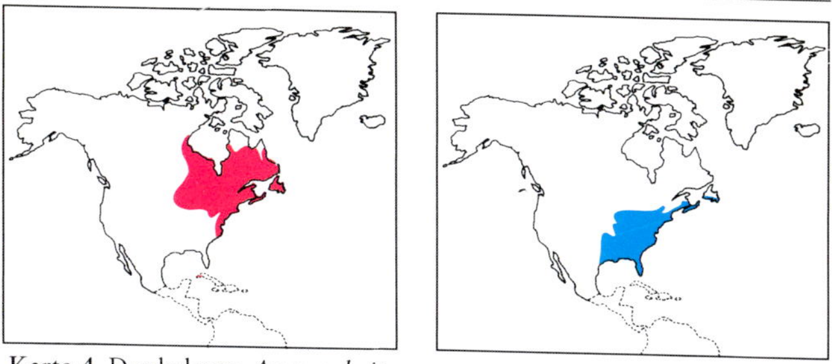

Karte 4 Dunkelente *Anas rubripes*

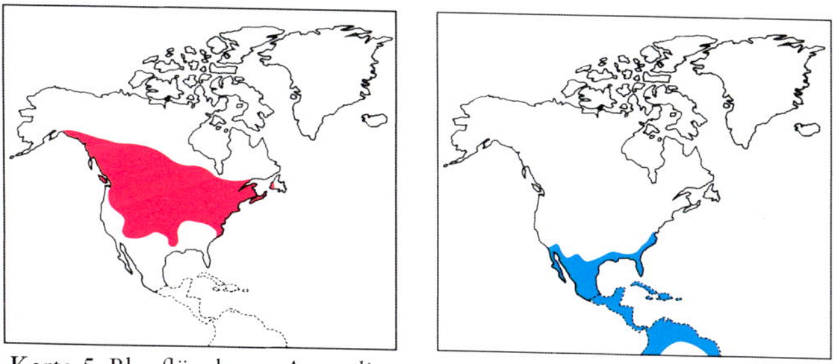

Karte 5 Blauflügelente *Anas discors*

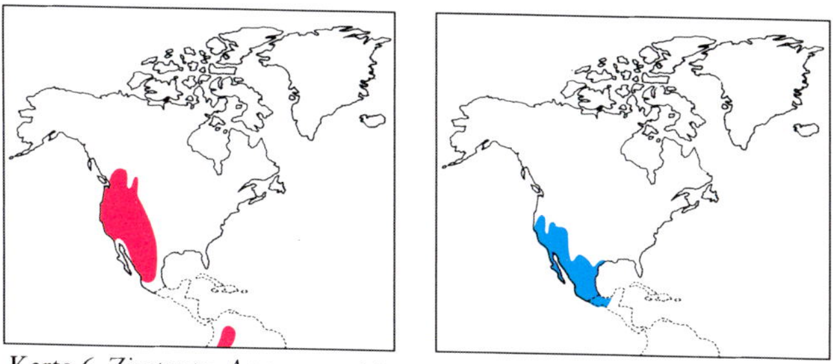

Karte 6 Zimtente *Anas cyanopter*

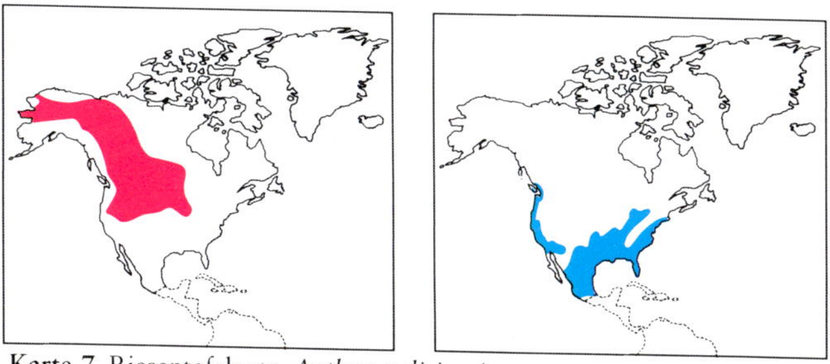

Karte 7 Riesentafelente *Aythya valisineria*

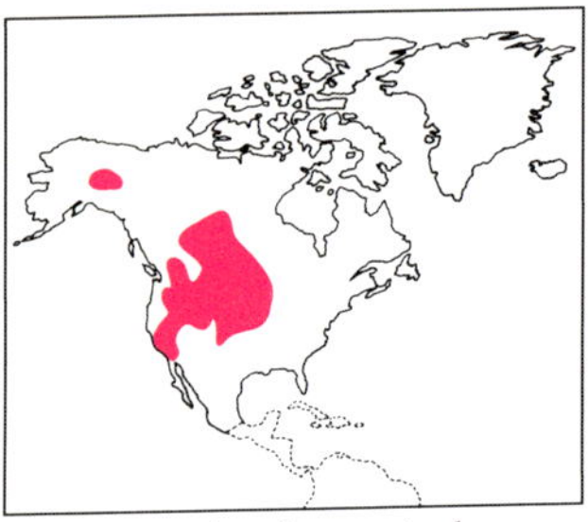

Karte 8 Rotkopfente *Aythya americana*

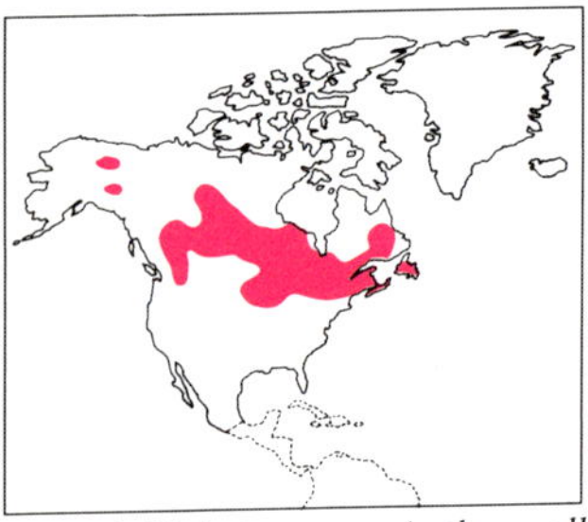
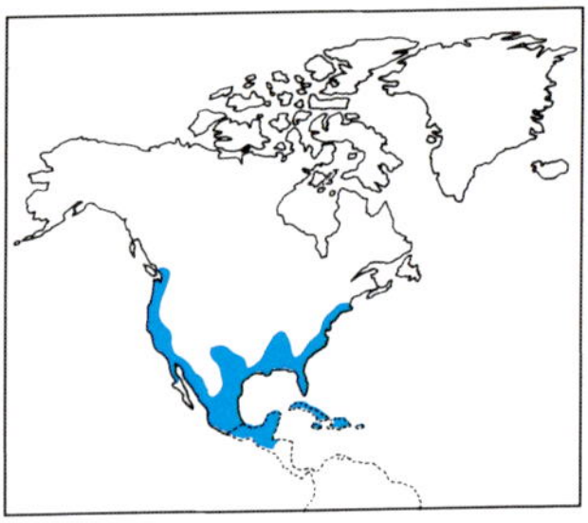

Karte 9 Halsringente *Aythya collaris*

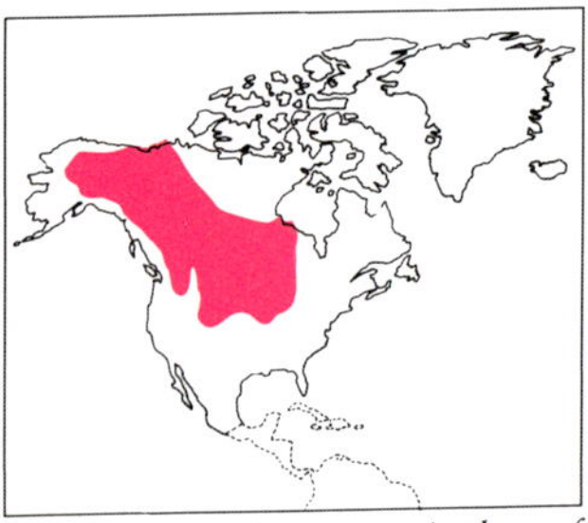
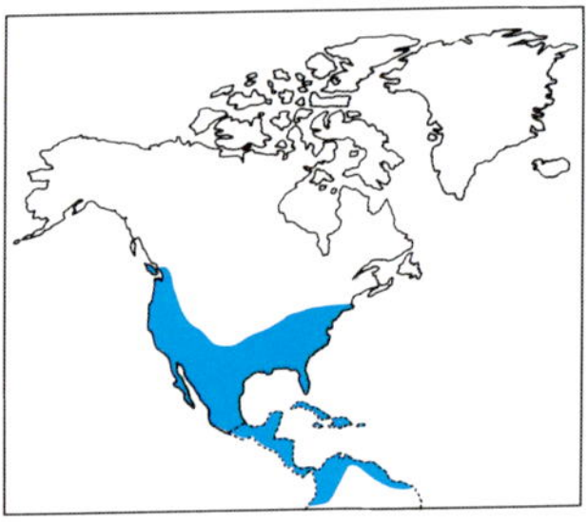

Karte 10 Veilchenente *Aythya affinis*

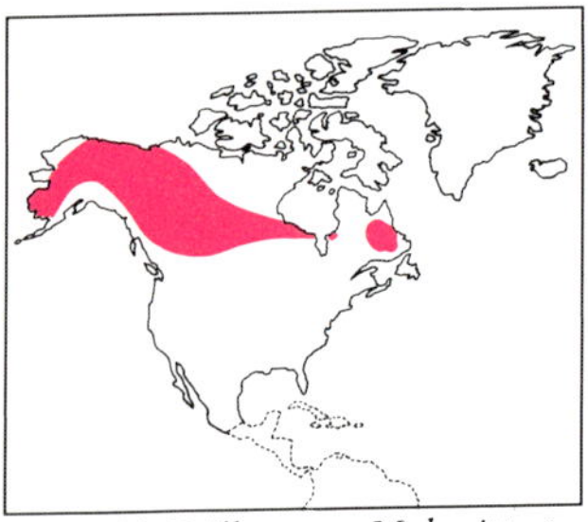
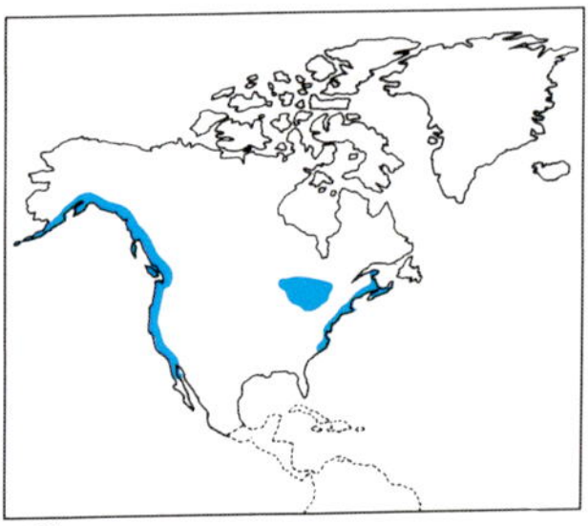

Karte 11 Brillenente *Melanitta perspicillata*

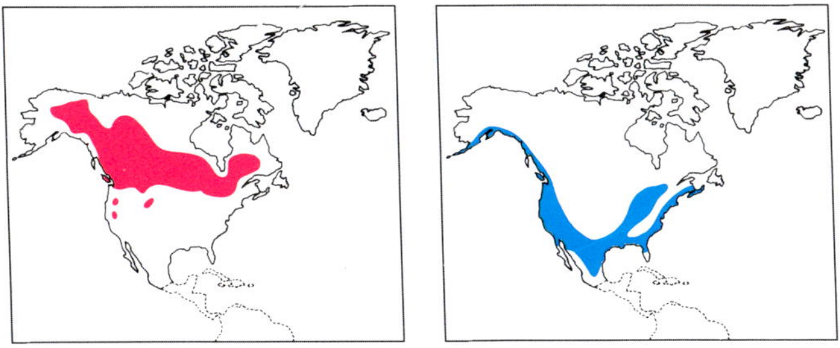

Karte 12 Büffelkopfente *Bucephala albeola*

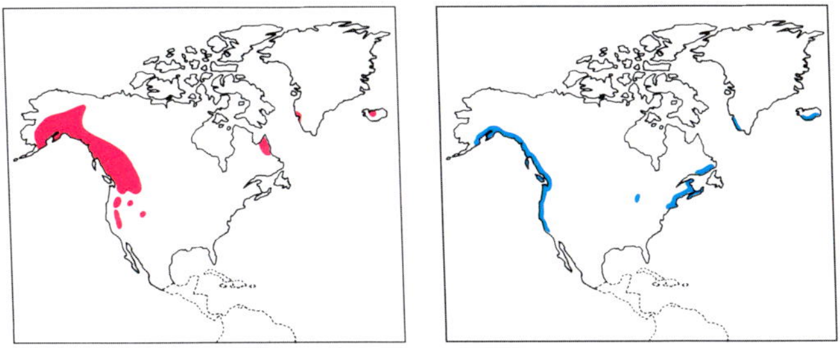

Karte 13 Spatelente *Bucephala islandica*

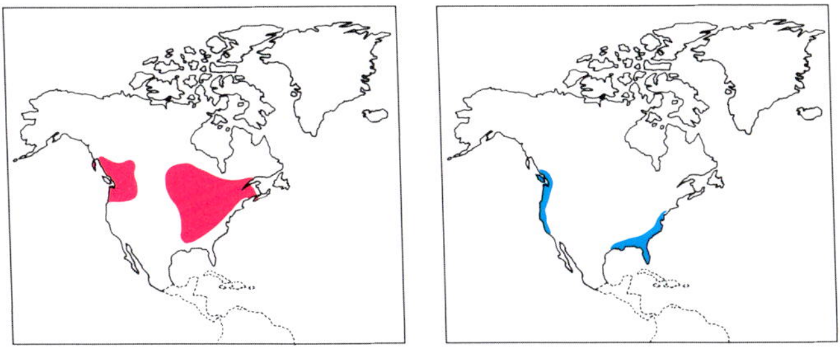

Karte 14 Kappensäger *Mergus cucullatus*

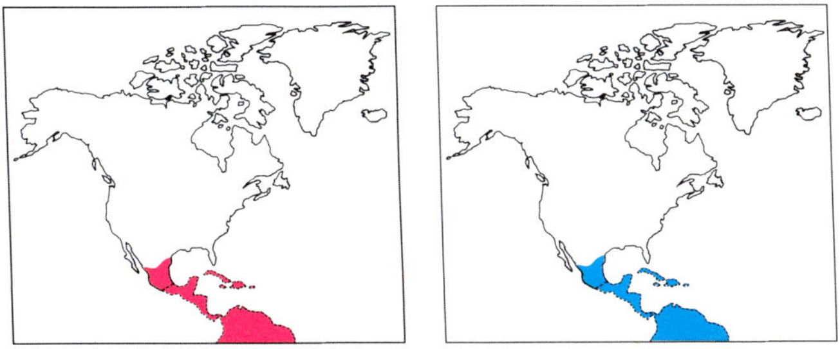

Karte 15 Maskenente *Oxyura dominica*

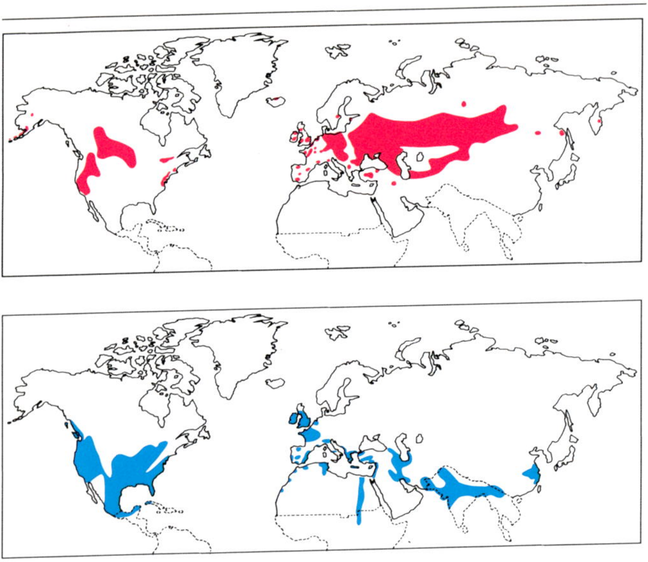

Karte 16 Schnatterente *Anas strepera*

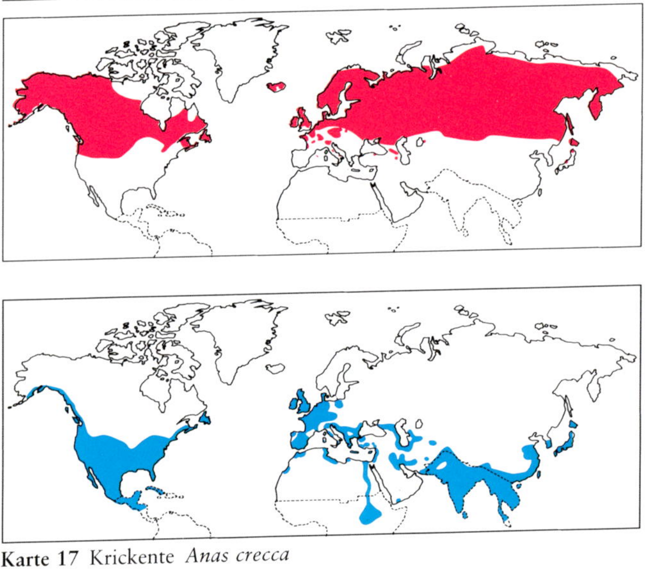

Karte 17 Krickente *Anas crecca*

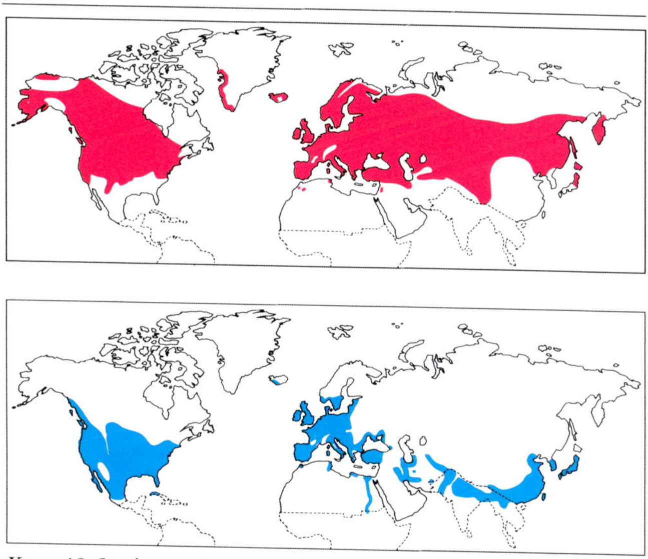

Karte 18 Stockente *Anas platyrhynchos*

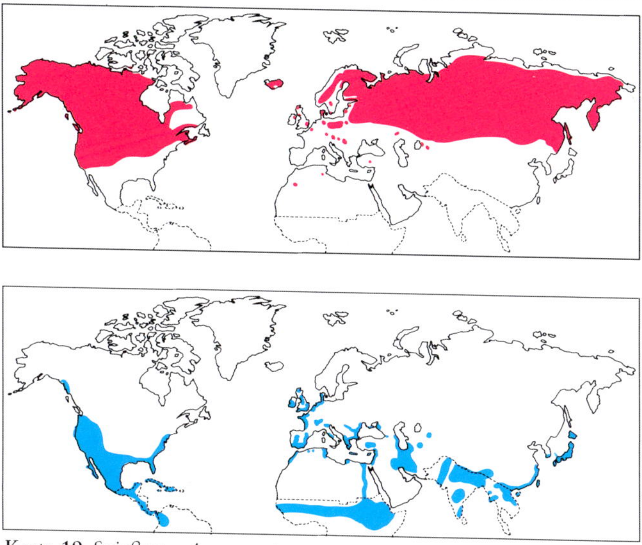

Karte 19 Spießente *Anas acuta*

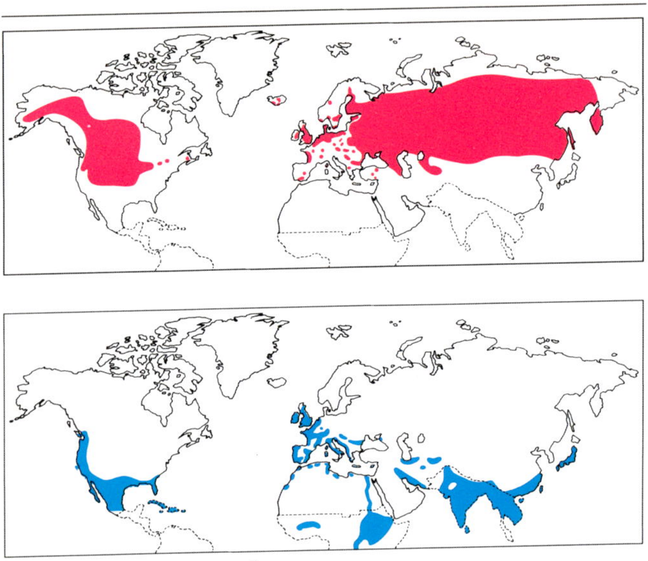

Karte 20 Löffelente *Anas clypeata*

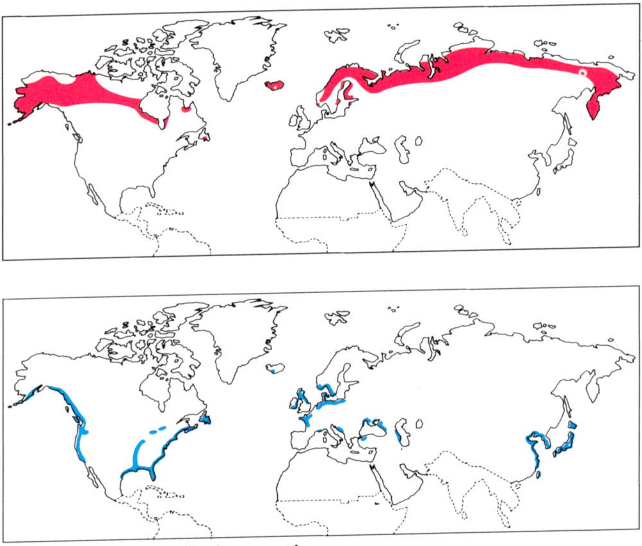

Karte 21 Bergente *Aythya marila*

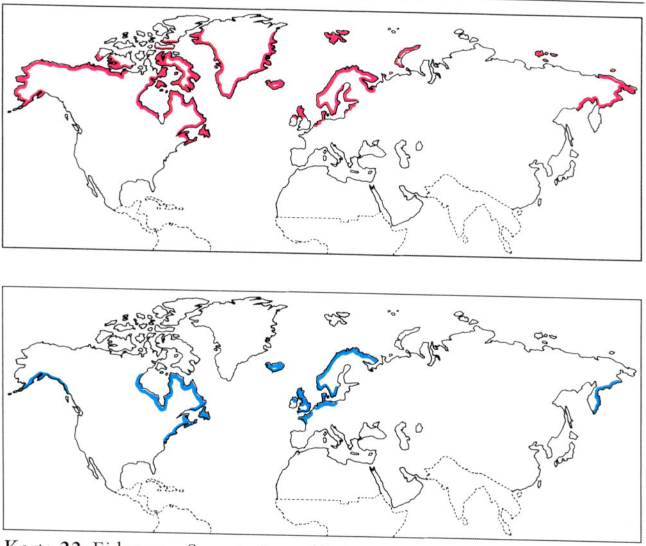

Karte 22 Eiderente *Somateria mollissima*

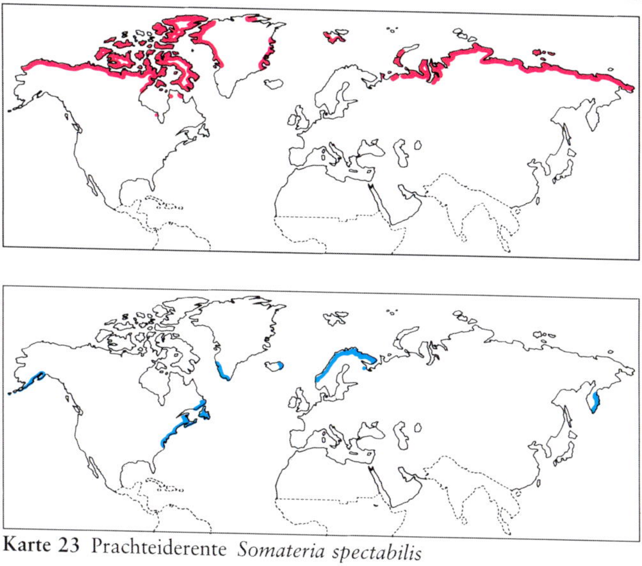

Karte 23 Prachteiderente *Somateria spectabilis*

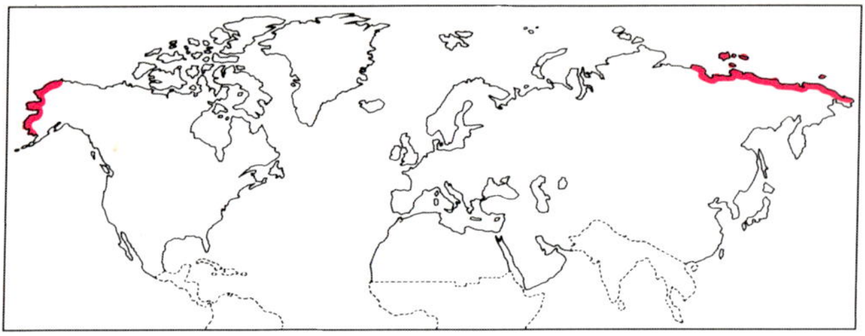

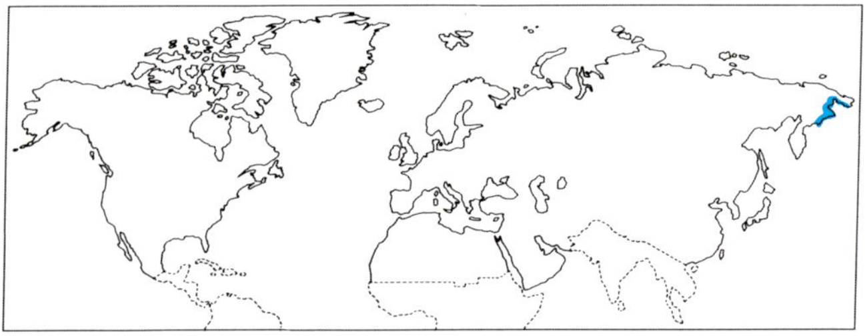

Karte 24 Plüschkopfente *Somateria fischeri*

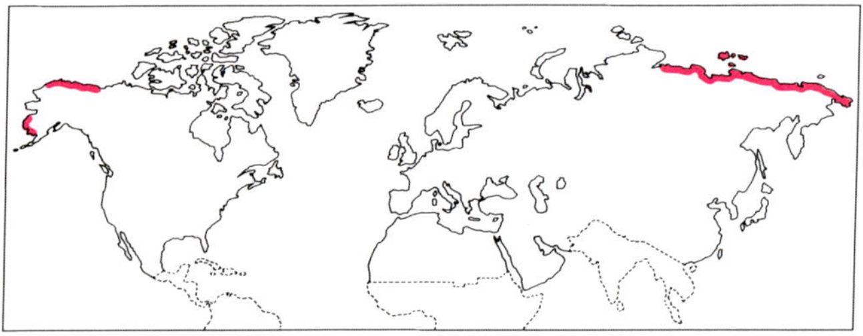

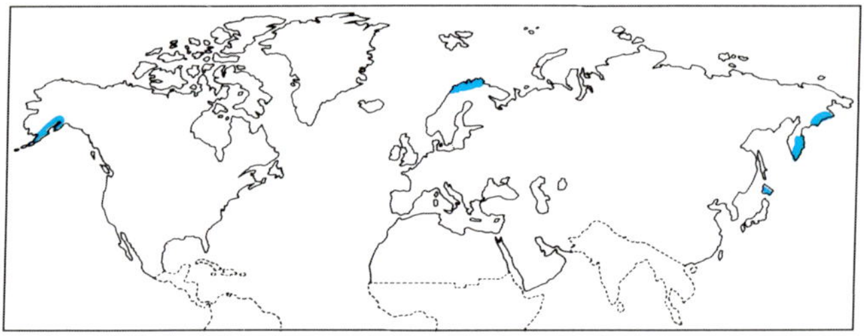

Karte 25 Scheckente *Polysticta stelleri*

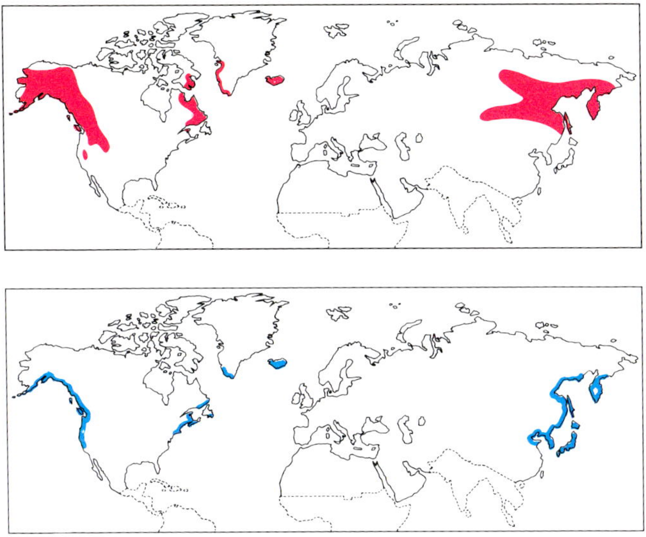

Karte 26 Kragenente *Histrionicus histrionicus*

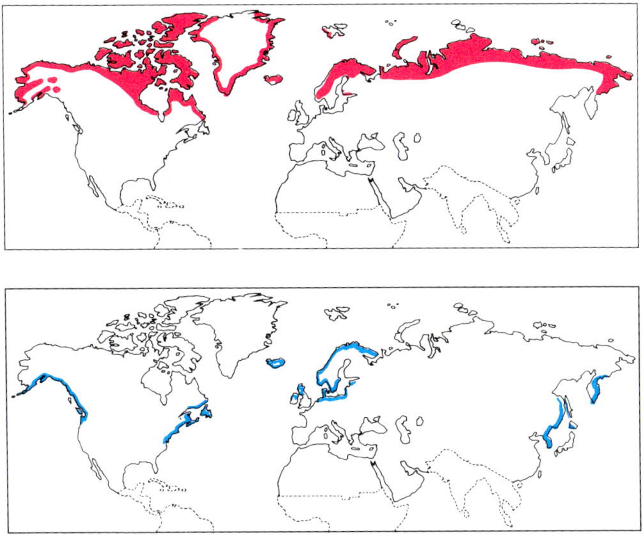

Karte 27 Eisente *Clangula hyemalis*

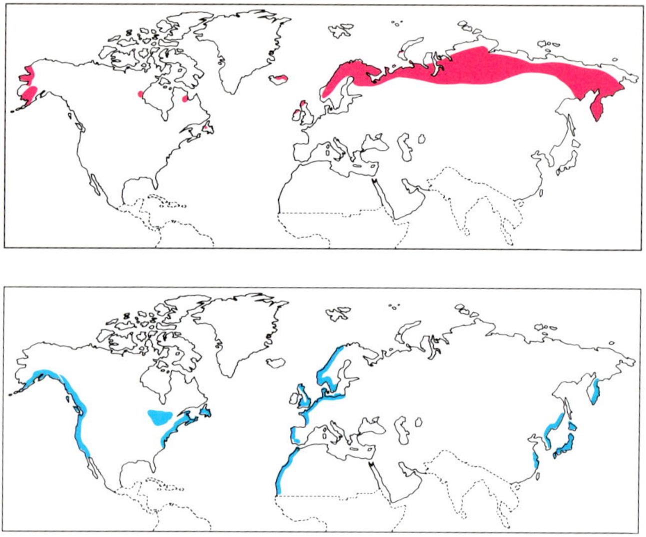

Karte 28 Trauerente *Melanitta nigra*

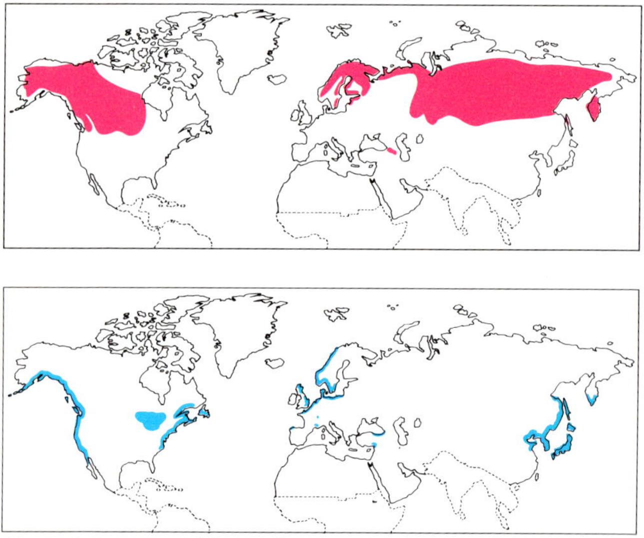

Karte 29 Samtente *Melanitta fusca*

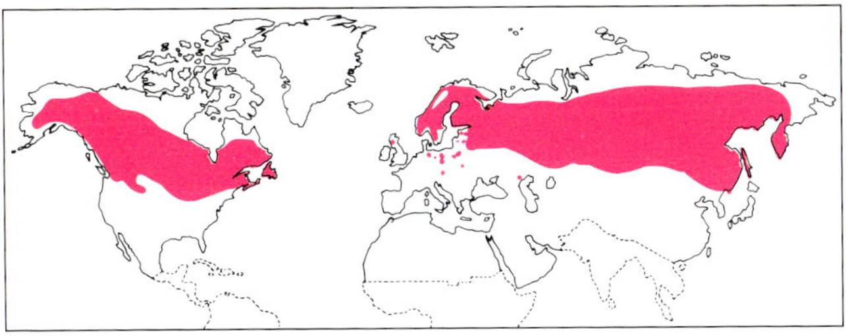

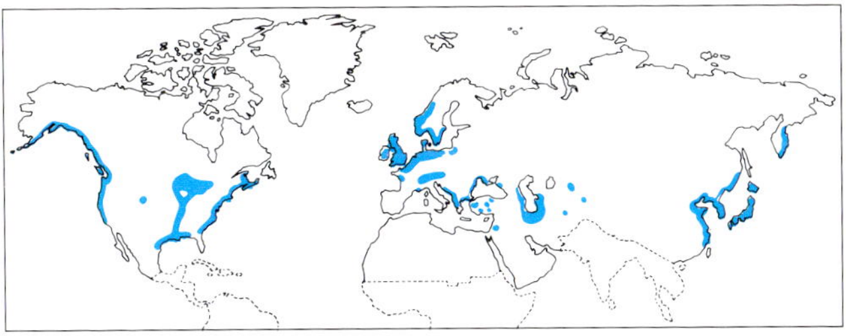

Karte 30 Schellente *Bucephala clangula*

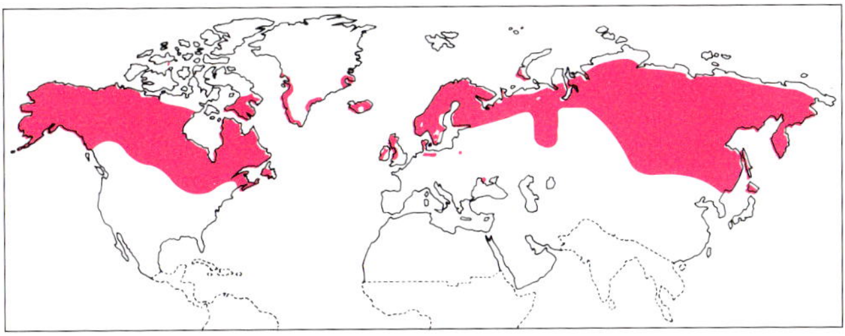

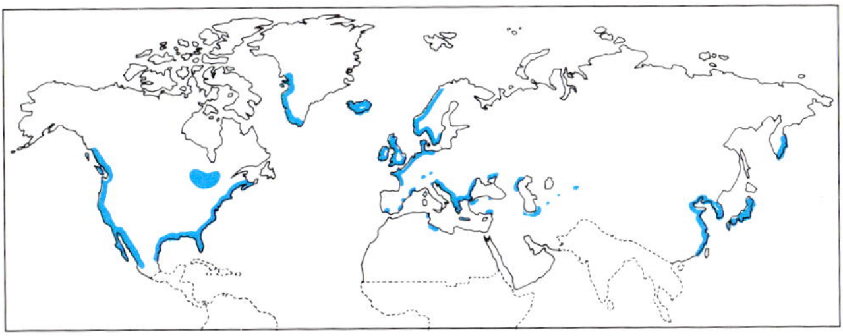

Karte 31 Mittelsäger *Mergus serrator*

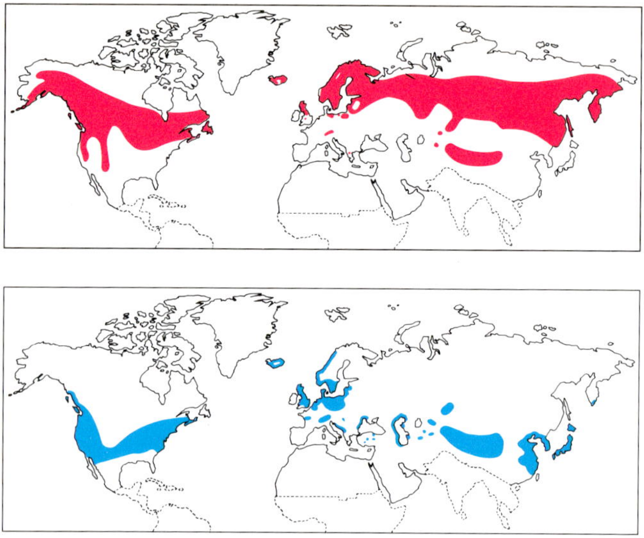

Karte 32 Gänsesäger *Mergus merganser*

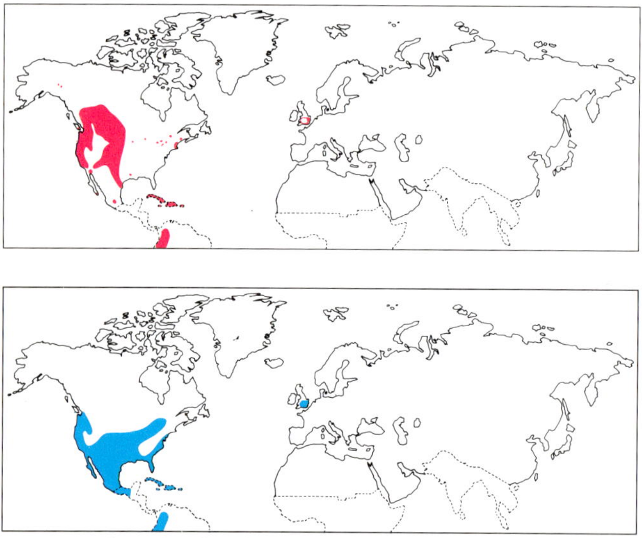

Karte 33 Schwarzkopf-Ruderente *Oxyura jamaicensis*

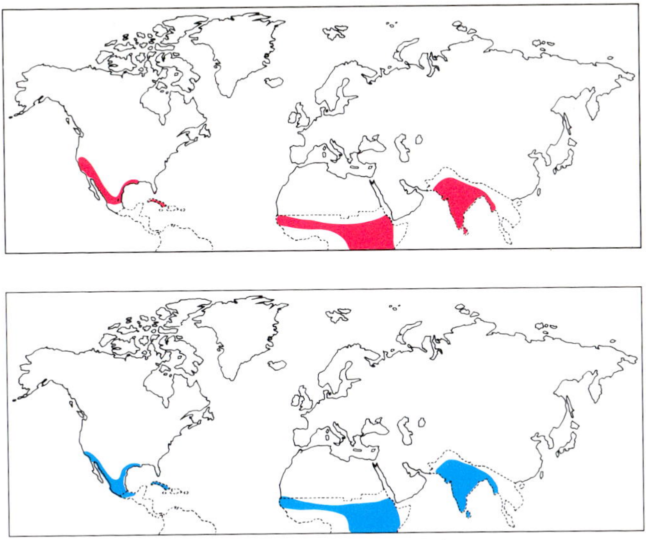

Karte 34 Gelbbrustpfeifgans *Dendrocygna bicolor*

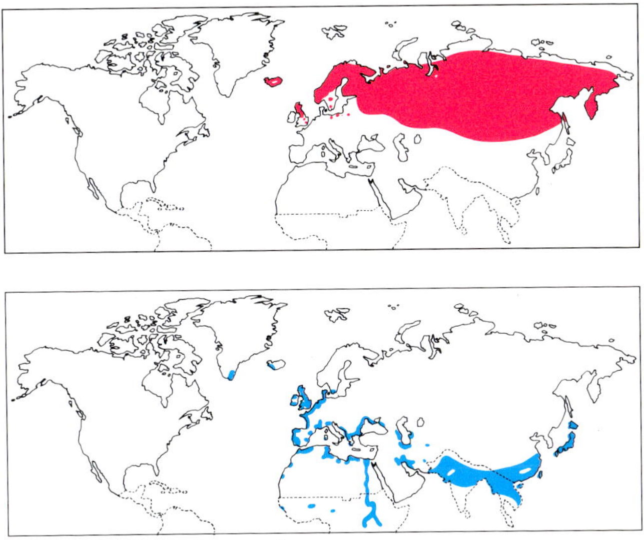

Karte 35 Pfeifente *Anas penelope*

Karte 36
Nilgans
Alopochen aegyptiacus

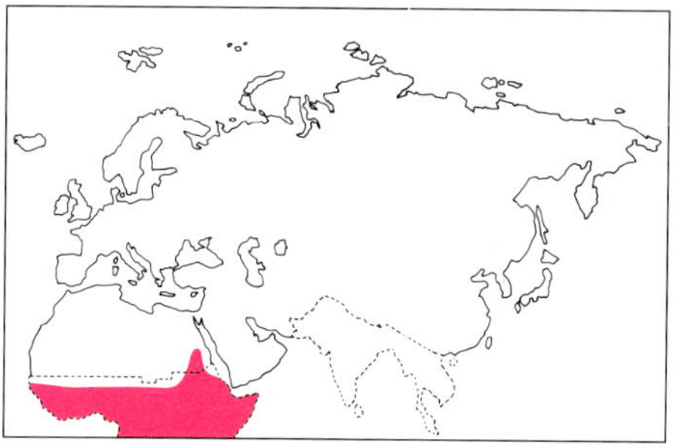

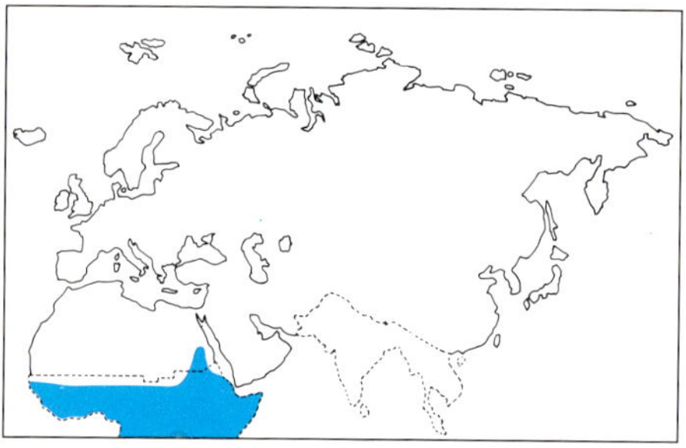

Karte 37
Brandente
Tadorna tadorna

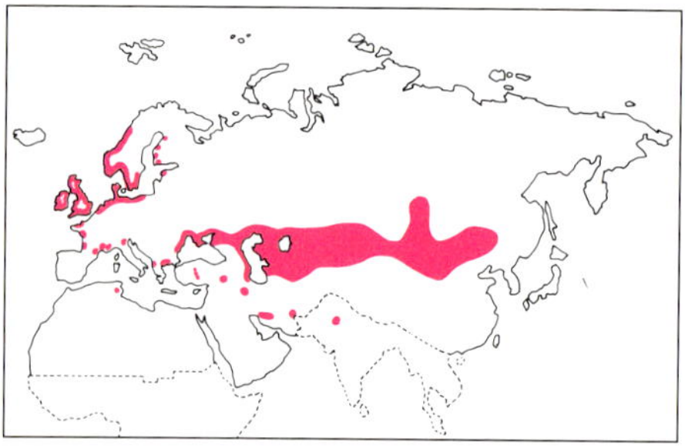

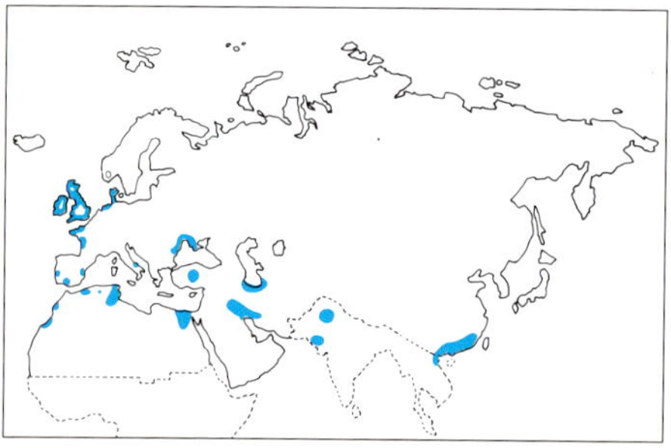

Karte 38
Rostgans
Tadorna ferruginea

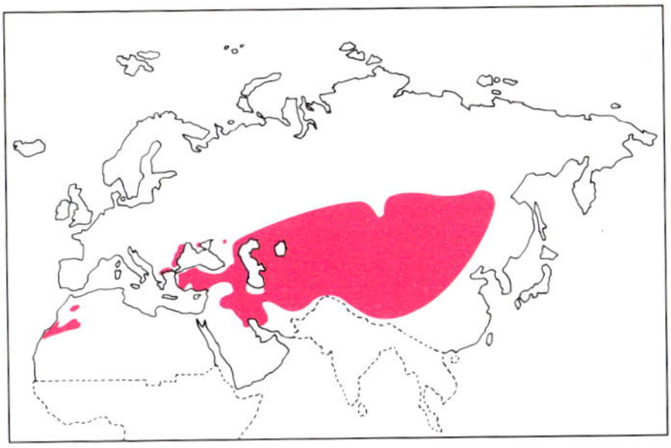

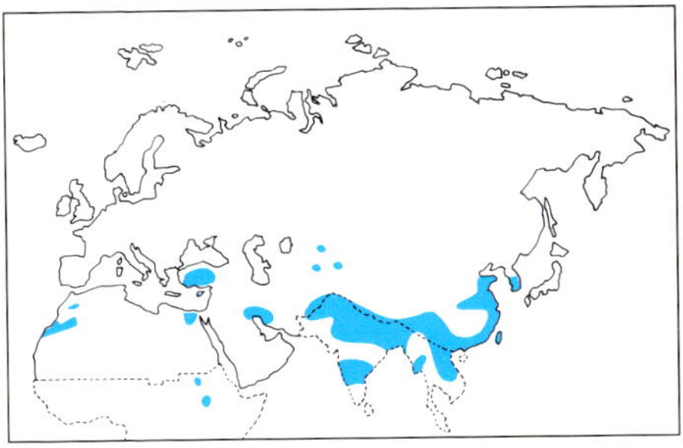

Karte 39
Mandarinente
Aix galericulata

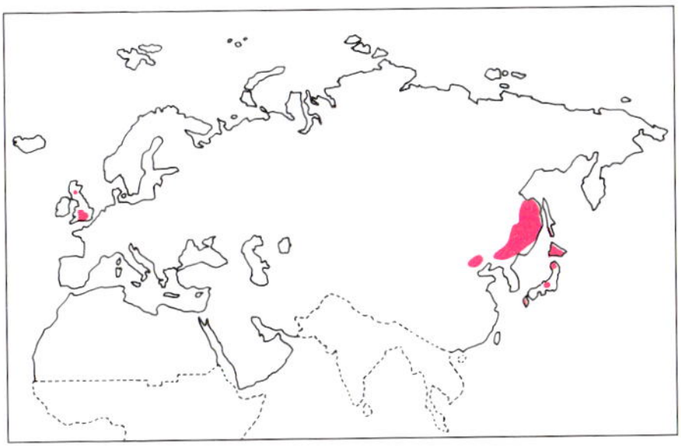

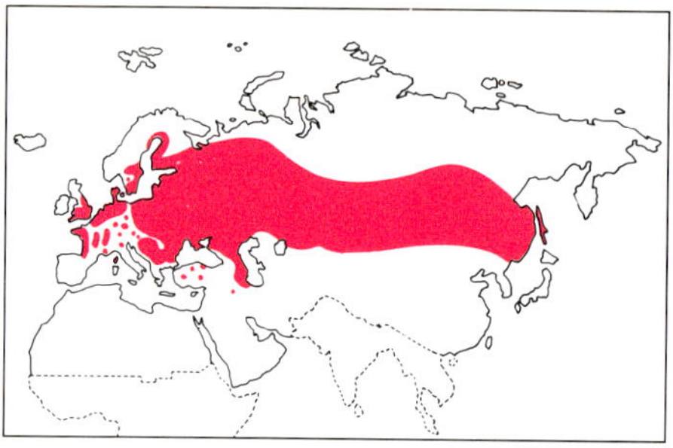

Karte 40
Knäkente
Anas querquedula

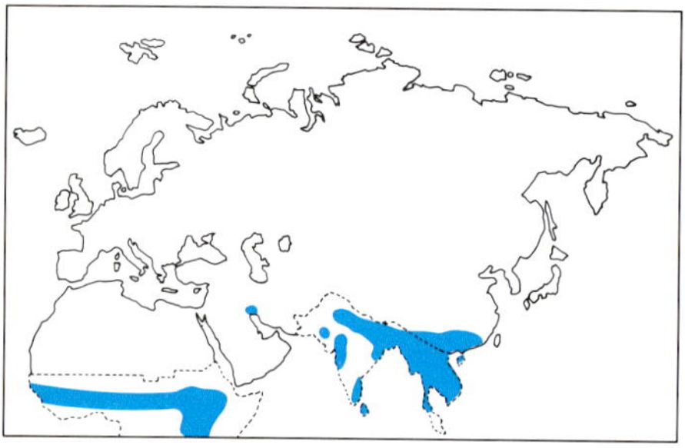

Karte 41
Marmelente
Marmaronetta angustirostris

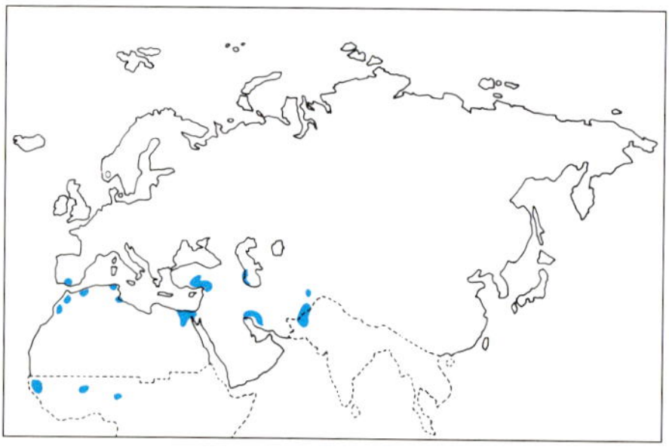

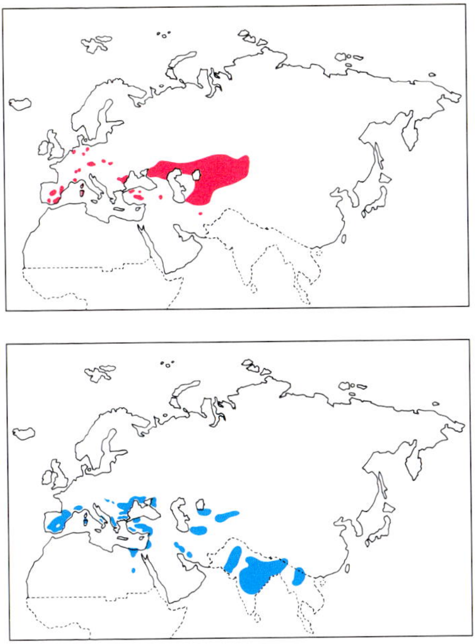

Karte 42
Kolbenente
Netta rufina

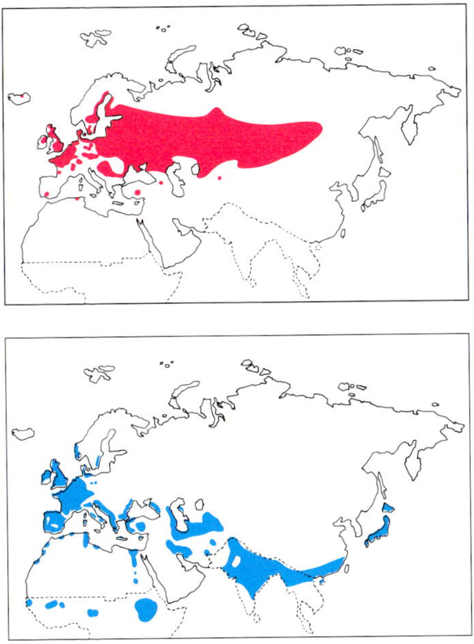

Karte 43
Tafelente
Aythya ferina

Karte 44
Moorente
Aythya nyroca

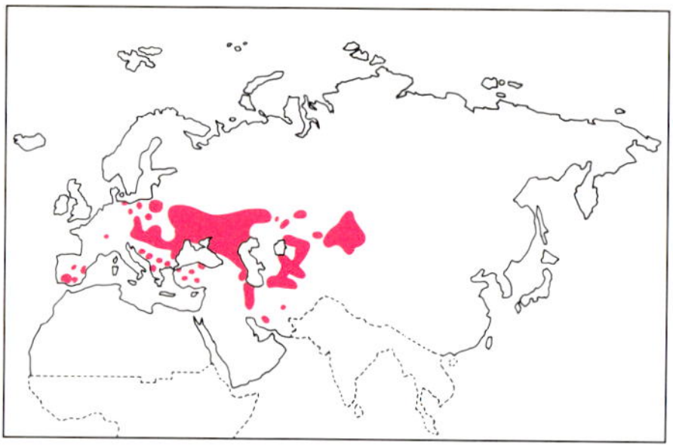

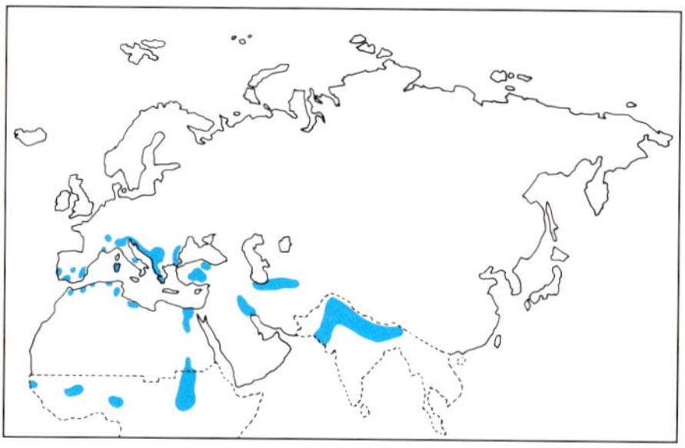

Karte 45
Reiherente
Aythya fuligula

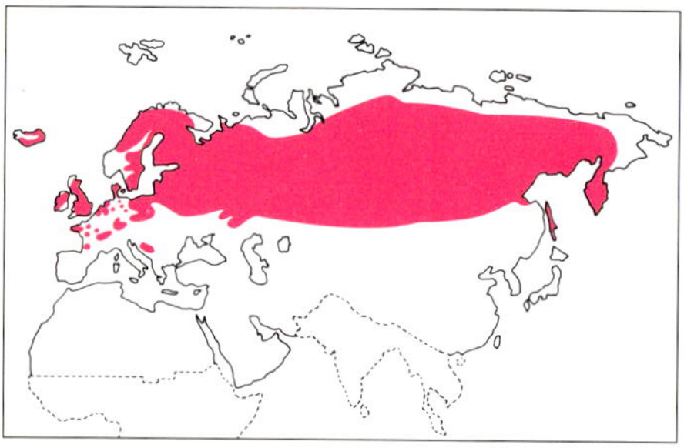

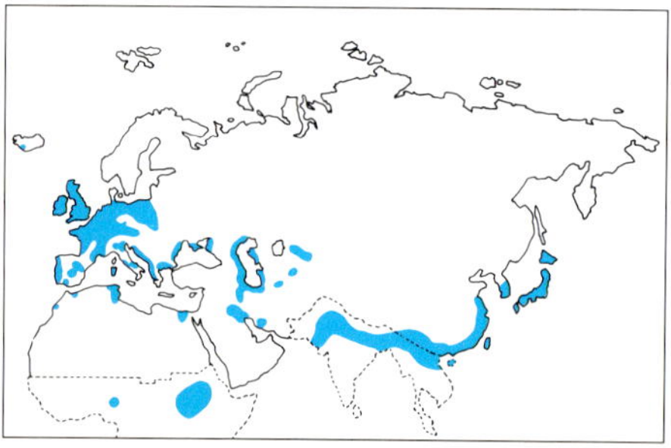

Karte 46
Zwergsäger
Mergus albellus

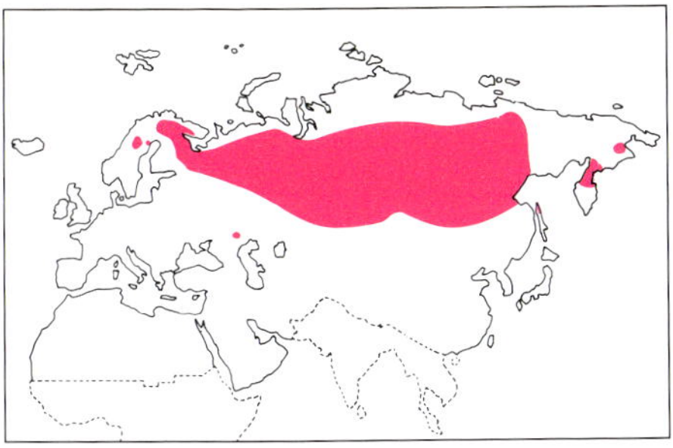

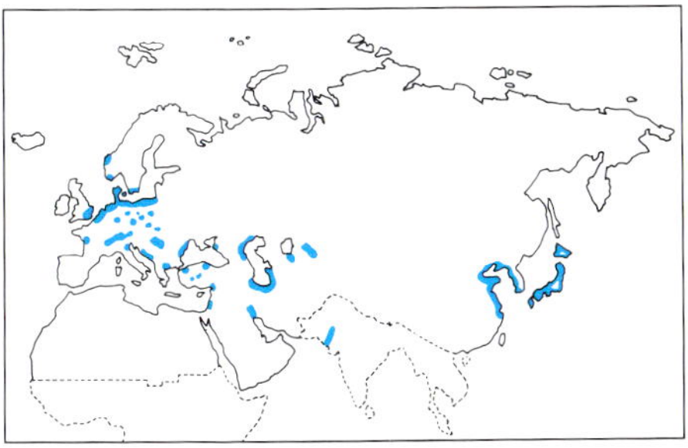

Karte 47
Weißkopf-Ruderente
Oxyura leucocephala

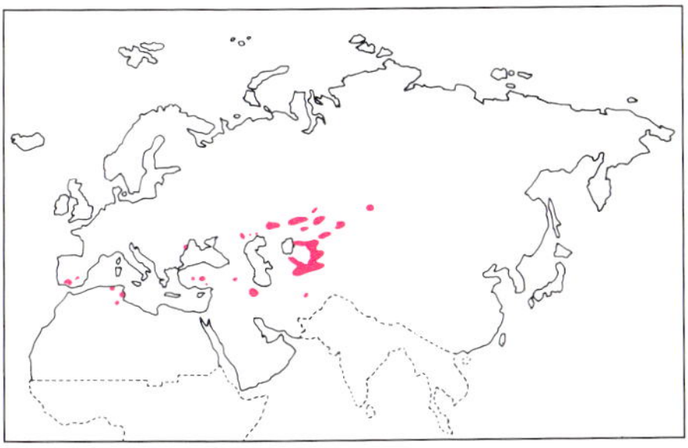

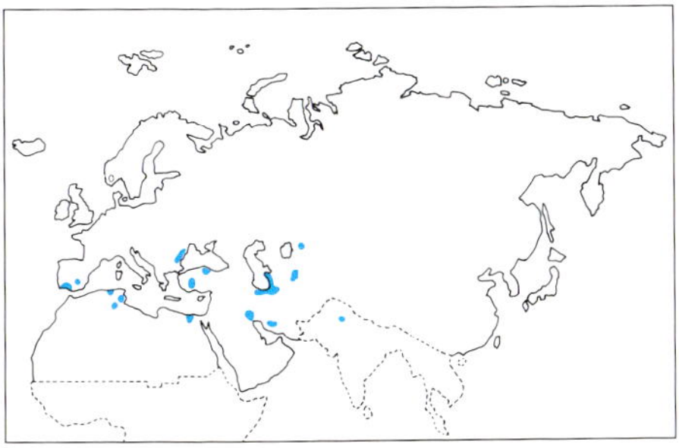

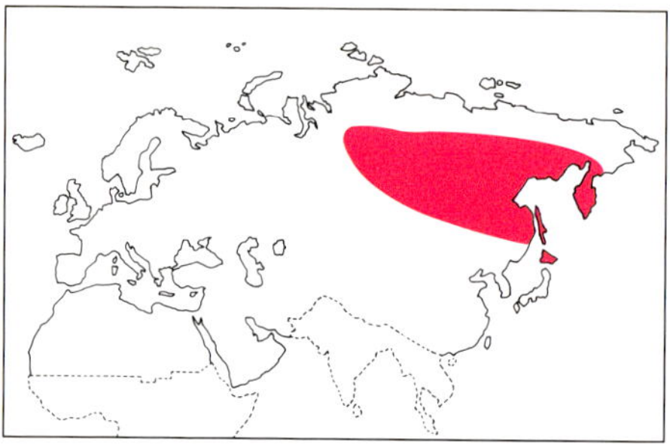

Karte 48
Sichelente
Anas falcata

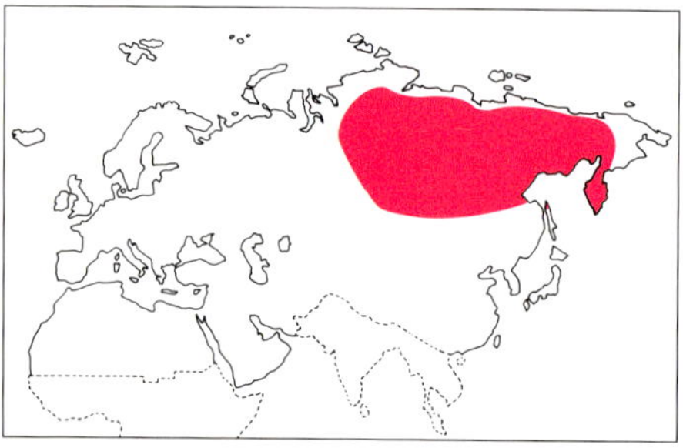

Karte 49
Gluckente
Anas formosa

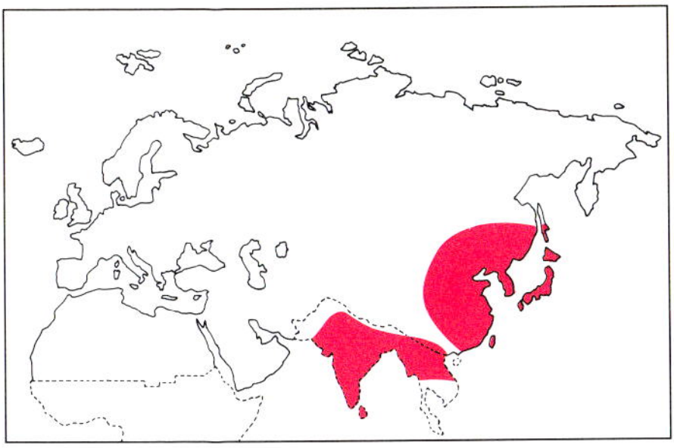

Karte 50
Fleckschnabelente
Anas poecilorhyncha

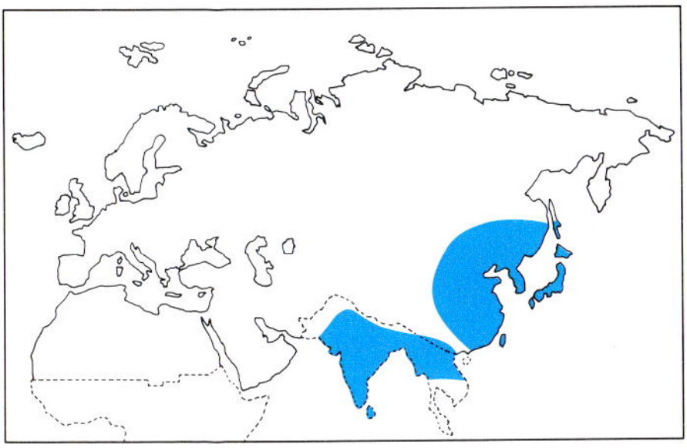

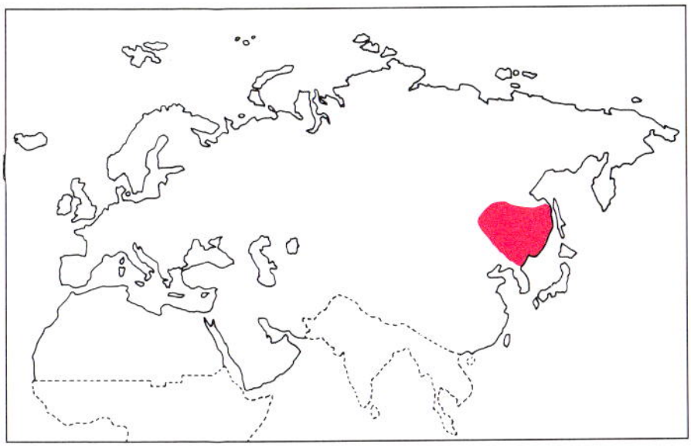

Karte 51
Schwarzkopf-Moorente
Aythya baeri

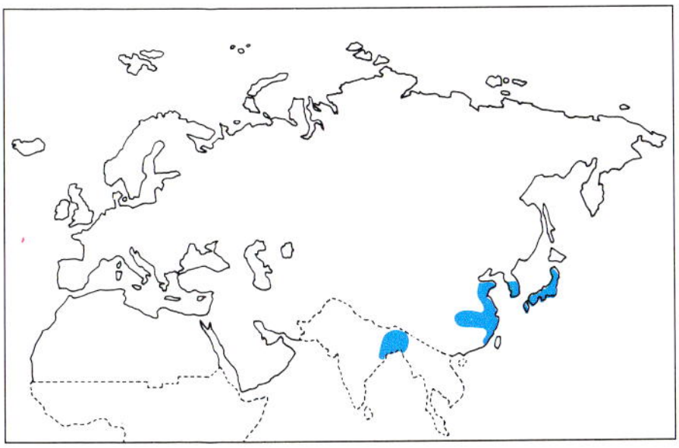

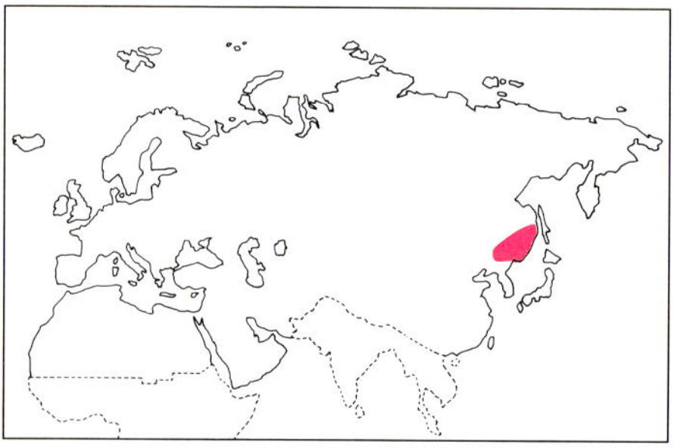

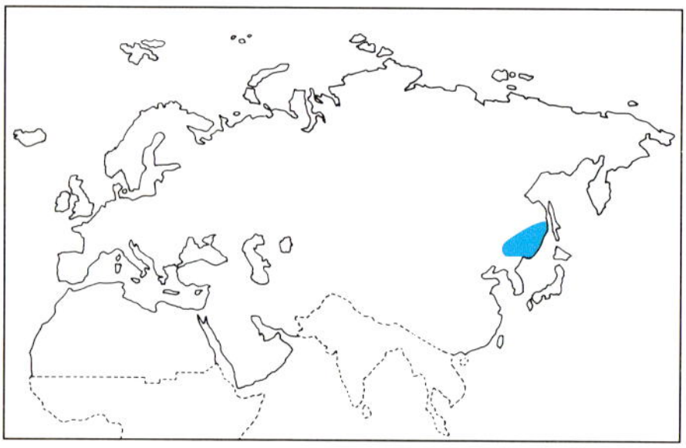

Karte 52
Schuppensäger
Mergus squamatus

Register